Thubten Wangchen

Lejos del Tíbet

**Su vida y pensamiento explicados a
Maria Teresa Pous Mas**

Prólogo de S.S. el Dalai Lama

© Teresa Pous y Thubten Wangchen, 2018
© de la edición en castellano:
   2018 by Editorial Kairós, S.A.
   Numancia 117-121, 08029 Barcelona, España
   www.editorialkairos.com

Fotocomposición: Grafime. Mallorca, 1. 08014 Barcelona
Foto cubierta: Fundación Phi. Marcos Soria
Impresión y encuadernación: Romanyà-Valls. Verdaguer, 1. 08786 Capellades

Primera edición: Octubre 2018
Segunda edición: Abril 2019
ISBN: 978-84-9988-649-7
Depósito legal: B 20.349-2018

Este libro ha sido impreso con papel certificado FSC, proviene de fuentes
respetuosas con la sociedad y el medio ambiente y cuenta con los
requisitos necesarios para ser considerado un «libro amigo de los bosques»

«En un mundo cada vez más interdependiente y frágil, el futuro es a la vez muy inquietante y muy prometedor. Para evolucionar, debemos reconocer que, en medio de una gran diversidad de culturas y de formas de vida, formamos una sola humanidad y una sola comunidad sobre la Tierra que comparte un destino común.

Debemos unir nuestros esfuerzos para que nazca una sociedad mundial sostenible basada en el respeto de la naturaleza, los derechos universales del ser humano, la justicia económica y una cultura de la paz. En aras de conseguirlo, es de primera necesidad que nosotros, los pueblos de la Tierra, declaremos nuestra mutua responsabilidad, tanto hacia la comunidad de la vida, como hacia las generaciones futuras.»

Dalai Lama

Índice

Prólogo

del Dalai Lama

Esta es la historia del periplo de Thubten Wangchen desde el Tíbet hasta la India y de allí hasta España. Igual que otros refugiados tibetanos, tuvo que superar muchas adversidades siendo aún muy joven. Sin embargo, tal como explica en su relato, al ser admitido en una de las escuelas tibetanas establecidas por toda la India con la generosa ayuda del gobierno de la India y de sus ciudadanos, pudo recibir una educación moderna completa incluyendo también enseñanzas de la rica y antigua cultura del Tíbet que él mismo ha podido comprobar que son muy relevantes para el mundo actual.

Más tarde Thubten Wangchen se convirtió en monje del monasterio Namgyal, monasterio afiliado a la oficina del Gaden Phodrang del Dalai Lama. En su relato describe con todo detalle los intensos y rigurosos estudios que llevó a cabo, que requerían mucha memorización y con exámenes muy estrictos.

Después de pasar una década en el monasterio Namgyal, Thubten Wangchen se trasladó a España en donde fundó la Casa del Tíbet en Barcelona y se dedicó a la difusión de la rica y singular cultura del Tíbet, ofreciendo también consejo a las personas necesitadas de paz interior.

Confío en que los lectores se sentirán inspirados por la historia de un joven refugiado que ha dedicado su vida a dar a conocer su tierra natal y la cultura budista de compasión y de paz.

S.S. el Dalai Lama
29 de septiembre de 2018

Introducción

«Siete veces lo he intentado. He dado la vuelta y he vuelto a probarlo; no con orgullo y mediante la fuerza, no como un soldado con un enemigo, sino con amor, como un niño que sube al regazo de su madre.» Tenzing Norgay escribió estas palabras después de haber escalado el Everest. Pensaba que es una montaña tan alta que ningún pájaro vuela sobre ella. Por primera vez en la historia, Tenzing Norgay, junto con sir Edmund Hillary, culminó la ascensión a la cumbre del Everest –*Chomolungma* en tibetano– y consiguió retornar con vida. Su escrito nos acerca algunos ecos de la filosofía budista tibetana y algo muy valioso transmitido por el Lama Thubten Wangchen: la compasión, la no violencia hacia cualquier ser vivo, la hermosa y transformadora disciplina impulsada por el amor. Por cierto, el Venerable Lama Thubten Wangchen, que insiste en considerarse un simple monje, en el año 1976 tuvo la oportunidad de viajar con Tenzing Norgay desde Cachemira hasta Ladakh.

El Lama Thubten Wangchen me ha explicado su vida y algunos aspectos de la filosofía budista tibetana. He tenido la

gran suerte de poder trabajar con él y el resultado de este trabajo es este libro. Ya en el primer encuentro, las palabras del
Lama Wangchen me abrieron el corazón. Muy pronto decidí
hacer una narración en primera persona. De esta forma, el relato
mantiene mejor la fuerza y la energía de este lama que trabaja
incansablemente para ayudar a la causa humanitaria de intentar restablecer los derechos humanos en el Tíbet y para ofrecer
ayuda a los tibetanos exiliados. La narración, al servicio de la
cultura y de la filosofía tibetanas, así como del pueblo tibetano, ha surgido con naturalidad, sin ningún esfuerzo. En todo
momento, entre las palabras del lama –siempre precisas– y las
mías, se ha producido una absoluta conexión.

Las páginas de este libro narran la historia de la huida del
Tíbet del Lama Thubten Wangchen y de su familia a causa de
la invasión militar china, su vida de mendigos, la vida y los
estudios del lama en el monasterio personal del Dalai Lama, la
llegada a Occidente de Thubten Wangchen, la fundación de la
Casa del Tíbet de Barcelona, la dramática situación del Tíbet
en la actualidad y el intento de aniquilar la cultura y las tradiciones tibetanas por parte del gobierno de la China y algunos
datos del Gobierno Tibetano en el Exilio.

Independientemente del relato del Lama Wangchen referente a su huida y su exilio del Tíbet, tenemos innumerables
testimonios del sufrimiento del pueblo tibetano y de su fuerza
de espíritu. El relato del Venerable Palden Gyatso es, según
palabras del Dalai Lama, «uno de los testimonios más estremecedores de sufrimiento y fortaleza de la historia». Pasó más

de treinta años prisionero y torturado por orden del gobierno chino. En unos versos del poema a modo de dedicatoria de su libro *Fuego bajo la nieve. Memorias de un prisionero tibetano*, escribe:

> *¿Existirá acaso algo comparable al padecimiento que*
> *tuvimos que soportar, a las pérdidas que tuvimos que sufrir,*
> *a los alaridos que nos desgarraban la garganta,*
> *ni aún en el mismísimo decimoctavo círculo del infierno?*
> *Y a todos vosotros, habitantes del mundo, que también creéis*
> *en las virtudes de la verdad, la justicia y la decencia,*
> *os instamos a que encabecéis la marcha de vuestra multitud*
> *y a dejar que vuestro grito de apoyo resuene en el camino*
> *de la verdad, la justicia y la dignidad.*
> *Ayudadnos a recuperar nuestra libertad.*
> *Ayudadnos a ser libres, a ser independientes y a conquistar*
> *el derecho a tomar nuestras propias decisiones...*
> *en nuestro propio país.*

En el ámbito de la cultura tibetana, también hay numerosos testimonios de su intento de destrucción. *Sis estels amb el coll torçat. Memòries tibetanes de la Revolució Cultural* es un libro del escritor tibetano Pema Bhum traducido del inglés y tibetano al catalán por Ferran Mestanza. Según Ramon N. Prats, este autor está considerado «el mejor escritor tibetano en el exilio de narrativa y ensayo en lengua tibetana». Pema Bhum nos dice lo siguiente en su libro: «En tiempos de la Revolución Cultural,

los escritos y los libros tibetanos se consideraron "hierbas ve-
nenosas" y la mayoría se quemaron en hogueras, los tiraron a
los ríos o los mezclaron con estiércol. Algunas almas indómitas
escondieron unos cuantos como si fuesen "tesoros secretos",
pero, aun así, con el paso del tiempo, los libros tibetanos, grandes o pequeños, acabaron desapareciendo completamente de la
vista, todos con la excepción de uno solo. Este único libro era
un libro rojo que se llamaba las *Citaciones del Presidente Mao*».

Entrar en la Casa del Tíbet de Barcelona es toda una experiencia. Es una vivencia profunda, más intensa y más viva que
experimentar una situación placentera. Tiene algo de espiritual.
En mi caso, cada vez que estoy un rato allí, me parece que mi
salud se fortalece y siento que soy más capaz de entrar en un
silencio interior fecundo. Estar en la Casa del Tíbet siempre
me llena de paz.

Recuerdo la primera vez que entré en el despacho del Lama
Wangchen y me senté delante de su escritorio. Lo primero que
vi, muy cerca de él, fue el perro de felpa encima de la mesa. El
tranquilo dálmata descansa en un pequeñito colchón. Al aca-
riciarlo y dirigirle alguna palabra amable, el Lama Wangchen
me dijo: «siempre duerme». Detrás de su escritorio hay una
pared llena de fotografías inspiradoras: del Dalai Lama, de
Mahatma Gandhi, de la Madre Teresa de Calcuta… Y encima
de la mesa se halla la única foto que tiene de su padre junto a
sus hermanos. Detrás de su escritorio hay un estante lleno de
figurillas de animales que le han ido regalando.

En nuestros encuentros, el Lama Thubten Wangchen me ha hablado de la naturaleza y de los animales que ha conocido en Dharamsala. Tanto si me hablaba de los perros, de los gatos o de los monos como de las montañas o de los ríos, me transmitía el respeto por la vida y los efectos de sentir felicidad y agradecimiento por haber nacido en el Tíbet.

Hay una cosa que, más que intrigarme, me maravilla: el Lama Wangchen siempre está contento. Sé que no es debido a nada en concreto vinculado a lo exterior, sino a la voluntad y a la decisión de cultivar la alegría, con independencia de lo que suceda externamente. Ha sido una lección magistral sin palabras. Un día me dijo: « En Occidente, las personas no están contentas porque siempre se comparan con los otros, siempre miran si el otro tiene una cosa mejor». Solo hace falta estar unos momentos cerca del Lama Wangchen para comprobar el componente revolucionario de su alegría, aspecto que comparten muchos lamas porque se han formado en el poder transformador de la alegría de vivir, en el deseo sincero y la voluntad de beneficiar a los demás tanto como sea posible. Cada vez que trabajábamos juntos, tenía la posibilidad de experimentarlo.

Al lado del Lama Wangchen, de algún modo, he podido percibir algo esencial de las invocaciones tibetanas expresadas alrededor de sus cinco banderolas de plegaria con las cinco invocaciones: la compasión, la sabiduría, la pureza, la paz y la prosperidad. Estas cinco banderolas, que coronan algunos picos de los Himalayas, son horizontales, están unidas a una cuerda y, en tibetano, se llaman *Lungta* (Caballo del Viento). Son de cinco colores distintos que representan los cinco elementos de la cosmogonía tibetana: azul, blanco, rojo, verde y amarillo. En general, en el centro de cada banderola se halla un caballo vigoroso que en su lomo lleva tres joyas llameantes, símbolo de Buda, de las enseñanzas budistas –el *Dharma*– y de la comunidad budista –el *Sangha*–. Alrededor del poderoso caballo, que simboliza la fortaleza y el sentirse libre del miedo para que todo fluya sin obstáculos, hay esas diferentes invocaciones a lo divino. Según la tradición tibetana, estas banderolas, movidas por el aire y el viento, traen buena energía a quien las tiene y su visualización ayuda a fortalecer la propia mente y la voluntad de contribuir al bienestar de los demás seres.

Durante nuestras conversaciones, he tenido la buena suerte de vivir muchos momentos especiales. Recuerdo vivamente el día en que me contó su primer encuentro personal con el Dalai Lama, después de haber superado todas las pruebas y exámenes de sus estudios en el monasterio de Namgyal. En ese instante me pareció percibir su emoción. Y cuando me habló de la muerte de su padre. También fue especial el momento en que le pregunté qué juego le gustaba más de pequeño –él casi nunca personaliza– y me contestó que los juegos con canicas de vidrio. Entonces me mostró algún juego que, de pequeño, hacía con piedrecitas. Hay muchos recuerdos significativos, muchos momentos preciosos. Uno, muy hermoso, fue cuando me enseñó libros tibetanos, tan diferentes de los nuestros, con una caligrafía que me pareció –una vez más– misteriosa, sumamente elegante, armónica y suscitadora de calma. Tampoco olvidaré cuando se puso a cantar oraciones, a cantar mantras. Pude comprender que esos sonidos poderosos impacten en la mente y en el cuerpo, y que nos conduzcan a la calma mental, a la fortaleza, a la alegría, a la compasión y a tener coraje (*Jigme* en tibetano).

Acaso, en diferentes momentos de la narración, se repite algún concepto o se hacen variaciones sobre el mismo tema. Sin embargo, las repeticiones no son gratuitas. Son necesarias para que el mensaje pueda germinar. Es como si tuvieran algo de la fuerza que se experimenta en la repetición de los mantras. Con una lectura atenta, se capta que ciertas frases del Lama Wangchen, aparentemente parecidas a las anteriores, tienen un poder mayor, un nuevo aliento más potente en su *in crescendo*.

Siendo cristianas las raíces de mi país y las mías propias, agradezco profundamente la generosidad del Lama Wangchen por haberme ayudado a amar más la filosofía y la psicología budistas tibetanas, con sus profundos conocimientos sobre los mecanismos de la mente. Me han ayudado a avanzar y me gustaría ser una humilde estudiante de todo ello. En el intento de conocer algo de la filosofía de Oriente, he encontrado unos cuantos tesoros. Al lado del taoísmo –que tuve la buena fortuna de conocer, gracias al maestro y médico Tian Cheng Yang–, he encontrado el gran tesoro de la filosofía budista tibetana, que nos da unas herramientas poderosísimas para conocer y entrenar mejor a nuestra mente, entendiendo por mente lo expuesto por el Dalai Lama en el libro de diálogos con el psiquiatra Howard C. Cutler *El arte de la felicidad*: « Al decir "entrenamiento de la mente" en este contexto, no me estoy refiriendo

a la "mente" simplemente como una capacidad cognitiva o intelecto. Utilizo el término más bien en el sentido de la palabra
tibetana *Sem*, que tiene un significado mucho más amplio, más
cercano al de la "psique" o "espíritu", y que incluye intelecto
y sentimiento, corazón y cerebro. Al imponer una cierta disciplina interna, podemos experimentar una transformación de
nuestra actitud, de toda nuestra perspectiva y nuestro enfoque
de la vida».

La palabra tibetana para decir «budista» es *nangpa* y significa «persona girada hacia el interior», es decir, persona que no
busca la verdad en el exterior, sino en el interior, «en la naturaleza de la mente». En esta perspectiva de mirar hacia dentro,
encontramos que la palabra *lü*, el vocablo tibetano que quiere
decir cuerpo, se refiere a «una cosa que dejas tras de ti», como
una maleta, tal como explica Sogyal Rinpoche. Este sabio nos
dice que los tibetanos, cuando pronuncian *lü,* siempre recuer-
dan que tan solo somos viajeros refugiados durante un tiempo
en esta vida y en este cuerpo. Y que por eso en el Tíbet las
personas no se obsesionan con hacer el máximo de placenteras
las condiciones de vida exteriores. Desde la filosofía tibetana
piensan que, cuando este afán de mejorar las circunstancias
llega a ser un objetivo en sí mismo y la motivación principal
para actuar, eso se convierte en un obstáculo, «en una distrac-
ción inacabable».

El día 20 de abril de 2016 habíamos concertado un encuentro con el Lama Wangchen. Era una mañana radiante. Después

de haber trabajado un par de horas, Thubten Wangchen me invitó a contemplar una exposición organizada por la Casa del Tíbet, en la que se exponían unas reproducciones de pinturas de Nicolás Roerich. ¡Qué sorpresa tan grata encontrar a este amado pintor y filósofo! Sus pinturas tibetanas, como sus palabras, me maravillan y me emocionan. Y te dejan, en la pupila y en el alma, algo del brillo de esas nieves perpetuas que le fascinaban. Antes de irme, como siempre, pasé por la tienda de la Casa del Tíbet para ver libros y contemplar la artesanía elaborada por tibetanos refugiados en Nepal o en la India: los boles, las sedas, los libros… Ese día encontré una pequeña joya: *La paraula de Buda. Textos extrets de les antigues escriptures*. En este libro encontramos una selección de textos de enseñanzas de Buda, escogidos de las escrituras budistas originales en lengua pali por el Venerable Nyânatiloka Mahâthera, autor también de la introducción y las notas. Este libro, publicado por Edicions de l'Abadia de Montserrat con la colaboración de la Casa del Tíbet, es una muestra de diálogo interfilosófico más que de diálogo interreligioso. Me emocionó esta alianza entre mis queridos mundo occidental y espiritualidad cristiana y la venerable y amada profundidad de la filosofía budista, que solamente llego a vislumbrar. Gracias a esta alianza, tenemos una magnífica traducción de estos textos al catalán realizada por Amadeu Solé-Leris, con un prefacio y unas notas complementarias redactadas por él mismo. En el libro, traducido al castellano como *La palabra del Buda*, se explica que Buda, poco antes de morir, hizo un largo peregrinaje y que, en su último viaje, fue a muchos lugares en donde había enseñado. Se ve que, en todo lugar al que llegaba, resumía una vez más el punto esencial de la Enseñanza, «recalcando la ineludible responsabilidad personal que cada practicante ha de tomar sobre sí», tal como se expresa en la introducción de *La palabra del Buda*:

> *Que cada uno de vosotros sea su propia isla,*
> *cada uno de vosotros su propio refugio,*
> *sin buscar cobijo en ninguna otra parte.*
> *Que cada uno de vosotros tenga la Enseñanza por isla,*
> *tenga la Enseñanza por refugio,*
> *sin buscar cobijo en ninguna otra parte.*

Si no hubiera conocido al Lama Wangchen, me habría sido difícil entender esta enseñanza que no tiene nada que ver con el concepto «aislamiento», sino que tiene relación con la fortaleza que hallamos dentro de nosotros al practicar la atención plena y la compasión. Con la presencia del Lama Wangchen, y aún más estando horas a su lado, se perciben los efectos de practicar la Enseñanza, se comprende la importancia de la responsabilidad personal hacia nosotros mismos, el valor de tener coraje, sabiduría y compasión. Y que, transformar la mente, quiere decir encontrar cosas positivas incluso en las grandes desgracias. Se trata del coraje y la alegría que podemos generar si somos nuestro propio refugio y si tenemos la Enseñanza por isla y por refugio.

Cuando el Lama Wangchen aceptó la propuesta de hacer este libro, me dijo:

«Después de tantos años, poder hacer este librito sobre mi vida puede ser interesante. Es un proyecto, una idea. Ahora procuraremos trabajar poco a poco esta idea, este proyecto. Ha habido diversos escritores que, a lo largo de los años, me han dicho que valía la pena hablar de mi vida, que sería interesante darla a conocer, pero yo personalmente no pensaba que fuese importante explicar mi vida. No soy ninguna persona conocida, no soy famoso. ¿A quién le interesará mi vida?, pensaba.

Por otra parte, el Dalai Lama nos ha dicho muchas veces que cada uno tiene que explicar su vida, que todos somos diferentes, hemos vivido en familias diferentes, en ambientes diferentes, tenemos diferentes estudios o no tenemos, hemos vivido muchos éxitos o muchos fracasos. Lo importante es que hemos tenido una vida, que hemos vivido y, como esta vida no durará para siempre, es interesante dejar escrito nuestro testimonio, nuestro pensamiento. Habrá alguien que lo leerá y que, tal vez, se podrá sentir inspirado por ello. Al lado de esto, el Dalai Lama nos ha dicho muchas veces que no hemos de pensar que somos muy importantes.

Ahora, tal vez está llegando el momento de explicar mi vida. Ya he explicado cosas en pequeños documentales y entrevistas, pero hemos estado muy limitados por el tiempo y no he podido explicarme extensamente y expresar detalles.»

* * *

Sobre la elaboración de este libro, quisiera dar las gracias al Venerable Lama Thubten Wangchen por su generosidad, compasión y enseñanzas, como la ecuanimidad.

Muchas gracias a Ringzing Dolma, a Ngawang Topgyal y a todas las personas de la *Fundació Casa del Tíbet* de Barcelona por la amabilidad con que me han tratado. Y, muy especialmente, a dos personas: a Fina Íñiguez Abad, por su constante buena disposición, inteligencia, alegría y por hacerlo todo fácil; y a Marta Enguita, por la atenta y generosa lectura del manuscrito, por algunas correcciones y por su amabilidad.

Gracias a Ramon Conesa, agente literario de la Agencia Literaria Carmen Balcells, por acompañarme en esta preciosa aventura. Gracias por sus acertados consejos y por su amabilidad.

Mi gratitud al editor, escritor y filósofo Agustín Pániker, por acoger este trabajo y darle impulso. A las editoras Isabel Asensio y Anna Ayesta, por su intenso trabajo.

Adiós a Kyirong

De vivir en el Valle de la Felicidad
a mendigar en las calles
de Katmandú

«Kyirong significa en tibetano "pueblo de la beatitud" y en verdad que nunca olvidaré los meses que allí he pasado. Si pudiera elegir y me preguntaran dónde me gustaría terminar mis días, respondería sin dudarlo un momento: en Kyirong. Me haría edificar un chalet de madera de cedro rojo y, para regar mi jardín, desviaría las aguas de uno de los innumerables riachuelos que descienden de las montañas. Toda clase de frutas y de flores se dan bien en Kyirong, que a pesar de su altitud de 2.770 metros, no por eso deja de hallarse a 28 grados de latitud.

La población, compuesta por ochenta casas, es además lugar de residencia de dos gobernadores de distrito, cuya autoridad se extiende a unas treinta aldeas de los contornos. Nosotros somos los primeros europeos que jamás penetraron en Kyirong, y sus habitantes nos contemplan asombrados.»

HEINRICH HARRER

Es verdad que, en primer lugar, soy un ser humano que forma parte de este planeta y que, después, soy tibetano. Cada país y cada persona tienen su identidad, sus tradiciones. Soy tibetano porque nací en el Tíbet y no en China. El Tíbet es un país, una nación que está en los Himalayas, en el llamado techo del mundo.

El pueblecito donde nací se llama Kyirong. En tibetano *Kyi* quiere decir «felicidad» y *Rong* «valle». El nombre de mi pueblo, por lo tanto, significa «Valle de la Felicidad». Está en el sur del Tíbet, no muy lejos de la frontera con Nepal, ni lejos de Katmandú. En el distrito de Kyirong hay nueve pueblos. El nuestro es la capital y todo el valle se llama Kyirong.

Guardo un pequeño artículo que encontré sobre mi pueblo y tengo muy presente una referencia que se encuentra en el libro *Siete años en el Tíbet* de Heinrich Harrer. En uno de los primeros capítulos de este libro el autor se refiere a Kyirong. Harrer llegó a mi pueblo y, desde allí, penetró en el resto del Tíbet. Él, que era austríaco, explica cómo es mi pueblo. Dice que, si pudiese escoger, querría vivir la última etapa de su vida en Kyirong y morir allí. Se enamoró del Valle de la Felicidad.

Con su tío Pasang Gyalpo y su hermana Lobsang Choedon en la escuela de Dalhousie, cerca de Dharamsala, India (aprox. 1967)

Nací en el año 1954 en Kyirong. No sé la fecha exacta de mi nacimiento. Allí no existía la costumbre ni la obligación de hacer un certificado de nacimiento, y todo lo referente a la fecha de nacimiento de los hijos se basaba en el recuerdo de los padres. En este sentido, por ejemplo, una madre tibetana dice: «Tú naciste en una mañana de verano de tal año», o «Tú naciste en invierno, una semana antes de la celebración del año nuevo». Nacíamos en casa y todo era muy natural, tal como antes se nacía aquí. Nacer en casa era más natural y alegre. Nacer en el hospital, en medio de aparatos y tubos, es más artificial y triste. Con el desarrollo científico y tecnológico, ganamos en seguridad y tecnología y perdemos nuestra conexión con la naturaleza. También el hecho de morir en la propia casa, al lado de los seres queridos, rodeados de calma y de paz, es muy diferente que morir en los hospitales, en un ambiente frío y angustiante, donde es difícil morir en paz, estando conectado a aparatos y lleno de tubos (por la boca, por la nariz…). En este desarrollo tecnológico y científico podemos encontrar cosas negativas y cosas positivas.

Kyirong es un pueblo que no es ni pequeño ni grande. Aunque dicen que es muy bonito, no lo puedo recordar bien. Solo tenía cinco años cuando tuvimos que huir. No tengo muchos recuerdos de mi infancia en Kyirong, pero recuerdo alguna cosa. Recuerdo un poco nuestra casa. Recuerdo los templos porque iba mucho a ellos. También el río que está en un lado del pueblo. Es un río importante que siempre fluye. Yo tenía mucho miedo del agua. Para cruzarlo, había un puente que se movía y, después de las lluvias, veía, bajo el puente, el agua amarilla que corría con fuerza. Aquella agua me daba mucho miedo. Eso sí que lo recuerdo.

Vivíamos en las afueras de Kyirong. No estábamos en el centro del pueblo. Después de nuestra casa no había ninguna otra e, inmediatamente después, empezaban los campos. Mi casa estaba formada por dos plantas y un ático. Por lo general, las casas tibetanas constan de dos plantas, pero alguna familia dispone de tres, como la que teníamos nosotros. La planta baja generalmente se utiliza como establo para resguardar a los animales: los yaks, los caballos, las cabras, las ovejas… Y hay una escalera para ir al primer piso, donde se encuentran los dormitorios y la cocina. En el Tíbet cada familia tiene una capilla en casa con un altar en el que se pone una figura de Buda y una fotografía del Dalai Lama. Tiempo atrás se hacían pocas fotografías. Cuando yo era pequeño, era muy extraordinario hacerse fotografías. Sin embargo, había muchísimas pinturas, tapices y estatuas de Buda. La gente de Kyirong es muy religiosa, muy espiritual. El pueblo tiene la fama de serlo. Se celebran numerosas fiestas populares, muchos rituales y celebraciones espirituales. Recuerdo alguna cosa de todo ello, pero no puedo explicar detalles.

Yo soy el más pequeño de la familia. Somos cuatro hermanos: dos hombres y dos mujeres. Cuando tuvimos que huir, la hermana mayor ya no vivía con nosotros. Con nuestros padres, vivíamos los tres hermanos: el hermano mayor, mi hermana y yo, que era el menor. Todos tenían un cuidado especial hacia el más pequeño. Tengo muchos recuerdos de mi padre. Era una persona muy respetada en Kyirong. Trabajaba en el ayuntamiento y era la segunda o tercera autoridad del pueblo. Era muy

Con su hermano Tenzin Thabkhey y hermana Lobsang Choedon, durante un congreso de celebración de jóvenes tibetanos (Youth Congress) en Dharamsala, India (aprox. 1971)

buena persona, de esas personas que siempre están procurando ayudar a los demás y solucionar los problemas del pueblo. Tenía muy buena fama y era respetado por todo el mundo.

Kyirong es un lugar muy verde, con mucha vegetación. Hay montañas, hay bosques y ríos. Y nieve. En el Tíbet, a causa del clima, no hay demasiada variedad de verduras. Hay zonas del norte o del noreste del Tíbet que tienen muy pocas. Sin embargo, en Kyirong hay mucha fruta y mucha diversidad de vegetales. Se dice que cualquier cosa que se plante en Kyirong crece. También hay muchos animales. Hay muchos osos. De cuando viví en Kyirong, tengo algún recuerdo relacionado con los osos. Había personas que trabajaban para mi familia. Un hombre, que trabajaba para nosotros, un día llegó a nuestra casa herido, con la cara medio destrozada por la garra de un oso. Por suerte, se había podido escapar del ataque del animal y salvarse. Los osos atacan la cara porque ven algo que brilla. En presencia de un oso, es preciso taparse la cara. Posteriormente, me pasó algo curioso relacionado con ese hombre. Yo entonces era pequeño, aún no tenía cinco años, y no lo había vuelto a ver. Resulta que, al cabo de veinticinco años, yo estaba en un lugar de Suiza y, en un determinado momento, hablé. De repente, al oír mi voz, un hombre me reconoció y se me acercó. Era aquel hombre. Después de tantos años, y aún siendo yo tan pequeño cuando me oyó hablar por primera vez, fue capaz de reconocer mi voz.

También recuerdo el día en que un gran oso cayó en un depósito lleno de agua que había al lado de un molino. La gente lo quería salvar de morir ahogado, pero era necesario protegerse de algún posible ataque por parte del oso. Estudiaron la forma de rescatarlo del agua y lo consiguieron. En otros lugares lo habrían matado de un tiro, pero allí buscaron la manera de salvar al oso.

Una cosa especial de mi pueblo es que allí está totalmente prohibido matar animales. Tal vez sea el único pueblo del mundo en el que está totalmente prohibido matar animales, aunque se trate de osos o tigres que puedan ser peligrosos para la vida del hombre. En otros lugares se matan vacas, ovejas y gallinas para comer, en mi pueblo, si se ve a cualquier ciudadano matando algún animal, como un cordero o una vaca, aquella persona tendrá que ir al ayuntamiento y recibirá una multa. Matar animales está castigado por ley. Nos enseñan que es preciso respetar la vida de todo ser vivo. Y si alguien del pueblo tiene ganas de comer un poco de carne o alguien se siente físicamente débil o enfermo y el médico recomienda que coma un poco de carne porque aquella persona precisa proteínas, hará falta que alguien vaya a otro distrito para encontrar carne para comprar. Siempre me ha gustado mucho escuchar esta realidad y tradición de mi pueblo. Yo, claro está, también soy vegetariano.

Como Kyirong no está muy lejos de Katmandú, antes de que los Chinos llegasen al Tíbet, mi padre iba caminando desde nuestro pueblo hasta Katmandú. Iba allí para comprar dulces y caramelos para celebrar el Año Nuevo Tibetano. Para celebrar la llegada del nuevo año se preparaban grandes fiestas y en casa comprábamos dulces y azúcar. Mi padre, eso sí, tardaba semanas en llegar a Katmandú. No se podía ir ni con el caballo, solo se podía llegar allí caminando. La ida era más fácil porque la hacía sin llevar peso, pero la vuelta era más dificultosa porque tenía que cargar con todas las compras. Alquilaba alguna mula en algún pueblecito y nos explicaba que, en el siguiente pueblo, dejaba esa mula y alquilaba otra.

Hay pocas fotografías del valle de Kyirong. Mirando alguna, he visto las montañas, el río, los bosques, mi pueblo y un monasterio. Recuerdo que veía el monasterio desde casa. Desde muy pequeño, los monasterios siempre me han inspirado. En mi pueblo hay dos templos y un monasterio. Aquí, en Occidente, en Cataluña y en España, también hay iglesias en cada pueblo, por pequeño que sea. Casi al lado de nuestra casa había un templo, y mi padre, cuando iba al campo, me dejaba en el templo. Yo pasaba todo el día allí. Me llevaba la comida y pasaba muchas horas dentro del templo. Entonces tenía tres o cuatro años. Mi padre también me había llevado a otro templo muy importante. En ese templo se guardaba una de las tres estatuas históricas de Buda más importantes del Tíbet. Una de ellas está en Lhasa, la capital del Tíbet. Es la estatua del templo Lhasa Jowo. El templo donde mi padre me llevó está en el monasterio Kyirong Jowo. Su estatua de Buda es venerada por mucha gente, también por muchas personas de la India y de Nepal que van expresamente a venerarla. Durante la invasión de los chinos, intentaron destruir todos los templos. Alguien pudo coger esta estatua y pudieron llevarla a Nepal. Ahora está en la India. El mismo Dalai Lama reclamó esta estatua al monasterio que la había preservado. Actualmente, está en la habitación del

Dalai Lama. Cuando medita, cuando estudia, tiene esta estatua de Buda delante de él.

Aunque los chinos comenzaron a entrar en el Tíbet hacia 1949-1950 –cuando se formó el régimen comunista de Mao–, se puede decir que hasta el año 1959 en el Tíbet solo había tibetanos. En el año 1949 empezaron a entrar poco a poco y tardaron nueve o diez años para llegar a Lhasa, la capital. En el año 1959 se comenzó a ver algún militar en Kyirong. Antes no habían visto nunca ningún chino. Recuerdo que los niños jugábamos y de repente veíamos un grupo de militares. A mí me asustaba mucho ver esos uniformes de los militares chinos. Al cabo de poco tiempo todo el mundo ya decía que teníamos que huir, que era preciso escapar.

Huir no era fácil. Existía el problema de cruzar las fronteras, la dificultad de atravesar las montañas hacia Nepal, con la vigilancia de los militares chinos, siempre observando con los binóculos, disparando y matando a los tibetanos que huían. Era necesario conocer muy bien las montañas para poder escapar. Había gente que decía que no pasaría nada si nos quedábamos, que era mejor que nos quedáramos, que habría libertad. Sin embargo, mi padre enseguida nos explicó que habían matado a gente, que habían asesinado a tal familia, a tal otra y a tal otra… En casa nos preparamos para escapar y todo lo hacíamos vigilando mucho. Éramos muy observados, porque se fijaban en la gente que ocupaba cargos, y mi padre era especialmente vigilado. Nos escondíamos, pero vinieron a casa y se llevaron a nuestra madre. Mi madre ya no volvió. Fue una víctima más

En Dalhousie, cerca de Dharamsala, con su padre Dawa Sangpo, su hermana Lobsang Choedon y su hermano Tenzin Thabkhey (aprox. 1968)

que murió a manos de los militares chinos. No pudimos recuperar el cuerpo. Recuerdo que mi padre me decía: «Mamá está muerta», «Tu madre está muerta». Yo no entendía el significado de la palabra «muerta» y, en principio, no pude sentir dolor porque no sabía qué me quería decir con esa palabra.

Mi padre, entonces, ya lo preparó todo para poder escapar. De hecho, lo dejamos todo. Tuvimos que dejarlo todo. Dejamos nuestra casa tal como estaba, con todas las pertenencias. Solamente tengo una fotografía de mi padre. De mi madre no tengo ninguna. Tampoco tengo demasiados recuerdos de ella. Recuerdo la pequeña mochila que, el día de la huida, llevaba colgada en mi espalda sin saber qué había dentro. Yo tenía cerca de cinco años y, puesto que era el más pequeño, mi padre me subió a sus hombros y me daba una mano. Con la otra mano cogía la mano de mi hermana, que tenía unos ocho años. Mi hermano mayor, que tenía unos once años, podía caminar solo. No teníamos nada, huíamos y tendríamos que vivir escondiéndonos. Solo teníamos cuerpo y alma.

De la huida recuerdo que, a unos treinta o cuarenta metros de nosotros, había otra familia que también se escapaba y se escondía. A cincuenta metros, otra familia que también huía. Llegó un momento en que no había caminos hechos para transitar y perdimos la orientación. No sabíamos en qué dirección teníamos que ir. Esa noche era muy oscura y no veíamos nada. Recuerdo que alguien tenía cerillas y entonces encendimos alguna. Los chinos vieron las pequeñas llamas y comenzaron a disparar mientras nosotros seguimos caminando deprisa. Nos caíamos muchas veces porque no veíamos dónde poníamos los pies. Muchos tibetanos murieron porque se caían por los barrancos. Por la mañana veíamos muertos por donde pasábamos. Nuestro padre conocía a muchas de aquellas personas muertas. Cuando veíamos algunas, nos deteníamos y nuestro padre se acercaba a ellas. No podíamos hacer nada por ellas porque estaban muertas y, entonces, nosotros continuábamos caminando poco a poco.

Al cabo de ocho días, llegamos a la frontera con Nepal. Para escapar del Tíbet y llegar a la India se podía tardar un año, pero nosotros, afortunadamente, en una semana pudimos llegar a Nepal. En la frontera no había chinos, hablamos en nepalí y pudimos pasar.

No he podido volver nunca más a Kyirong. He querido ir, he intentado regresar a mi pueblo, pero no he podido conseguirlo.

Por suerte, después de haber cruzado la frontera, encontramos gente que mi padre conocía y pudimos sobrevivir gracias a la comida que nos daban. Comíamos poco, pero tuvimos lo suficiente para nuestra supervivencia.

Tengo también un recuerdo muy claro de un hecho que sucedió. Mi padre, antes de irnos de Kyirong, cogió unas estatuas de Buda muy valiosas y libros sagrados y los dejó en unos templos de Nepal. Una la dejó en el Templo del Mono, lugar al cual, a lo largo de los años, he vuelto diversas veces. La primera vez que volví, hablé con un monje que recordaba los hechos, recordaba a mi padre y, además, el nombre de nuestra familia constaba en unos archivos. Me hizo pasar y me enseñó libros de los archivos. Todos los libros tibetanos son muy grandes y consultamos unos en los que constaban los nombres de mi padre y de nuestra familia. Todo estaba registrado y sellado. En ese monasterio, la estatua de Buda que dejó mi padre estaba muy bien protegida y custodiada.

Con mi padre y mis hermanos estuvimos unos dos años en Katmandú, viviendo en la calle. No teníamos casa, no teníamos nada. Vivíamos como mendigos. En Katmandú hay muchos templos y, entre ellos, el Templo del Mono. En esos años había turistas y muchos entraban en los templos. Recuerdo turistas rubios, altos… Cuando los veíamos, mi padre me decía: ves a pedirles alguna cosa. Yo tenía entre cinco y seis años. No recuerdo qué les decía en tibetano para pedirles que nos diesen algo. Era una imagen parecida a la que vemos aquí cuando algunos niños mendigan. Les pedía que por favor nos diesen algo y recuerdo que nos daban algunas monedas. Era poquito, pero yo volvía muy contento al lado de mi padre para ofrecerle aquellas monedas que me habían dado. Dormíamos siempre en la calle, tanto en invierno como en verano y no teníamos comida «asegurada». En esos momentos, mis hermanos y yo, siendo tan pequeños, no sufríamos porque no sentíamos miedo ni comprendíamos a fondo nuestra situación. Teníamos a nuestro padre con nosotros, jugábamos, comíamos y no nos planteábamos nada. Durante todo ese tiempo en Katmandú no tuvimos ni una pieza de ropa para cambiarnos. Lavábamos la ropa que llevábamos puesta y nos la volvíamos a poner.

El pueblo y el gobierno de Nepal fueron muy amables con los tibetanos recién llegados y refugiados allí. Nos dieron apoyo. De repente, una delegación del Dalai Lama llegó a Katmandú para decirnos que el Dalai Lama estaba en la India. Y un día nos vinieron a buscar y nos llevaron a la India, en un lugar cercano a la frontera de Nepal. Aunque los tibetanos no teníamos pasaporte, porque antiguamente no existía este requisito legal, nos permitieron entrar y quedarnos en la India. Nos vinieron a buscar porque los tibetanos vivíamos en la calle y no encontrábamos trabajo. No tengo demasiados recuerdos de ese primer período en la India, pero sí recuerdo que pasábamos mucho tiempo cerca del Templo Dorado, en Amritsar, y allí personas sikhs nos ayudaban mucho. Los sikhs creen en la solidaridad y la practican. Su fundador explicaba la importancia de la generosidad y del compartir. Nosotros dormíamos cerca del templo. Recuerdo que, por las mañanas, muchas veces un sikh panyabí buscaba muchos tibetanos y nos llevaba a su casa para darnos comida. Eso lo hacían muchos sikhs. Casi se peleaban para darnos comida, y eso nos impresionaba. A los niños nos impresionaban los sikhs, con aquellas barbas largas, con aquellos grandes bigotes, con aquellos turbantes... Enseguida vimos que eran muy amables. Nos daban comida en unas grandes hojas de árboles. Nos daban arroz, lentejas, pan... Y lo comíamos con las manos. Por las noches normalmente no teníamos nada para cenar, pero al día siguiente nos volvían a dar comida. Vivimos unos cuantos meses cerca del Templo Dorado. Miles de tibetanos vivían así.

Al Dalai Lama le preocupaba mucho esta situación. Había hablado de ello con el gobierno de la India. Les había dicho que era necesario dar trabajo a los tibetanos que habían tenido que huir del Tíbet para que no tuviésemos que hacer vida de mendigos y pudiésemos ganarnos la comida. El gobierno de la India lo valoró y, después de pensar qué se podía hacer, vio que el único trabajo que podía ofrecer era el de ir a construir carreteras. Sin embargo, no se trataba de hacer carreteras normales en la India, sino de hacer carreteras en los Himalayas. Los indios querían tener carreteras en las montañas, en los Himalayas, pero ellos no podían hacerlas. Lo cierto es que los tibetanos no tenían ni idea de hacer carreteras y allí el terreno era muy complicado, pero todos los tibetanos adultos se reunieron y decidieron que tenían que ir a trabajar. Los indios empezaron a organizarlo y anotaban los nombres de los tibetanos en un registro.

Para ese trabajo, utilizaban máquinas para perforar las montañas. Ganaban muy poco, una rupia al día. Una rupia son dos céntimos de euro. A mi padre le tocó trabajar en la carretera que va de Kullu a Manali. Era un trabajo muy difícil. Rompían piedras, lanzaban piedras por los barrancos, era muy duro. Ganaba, como los demás tibetanos, una rupia al día. Mis hermanos también ayudaban y les daban media rupia. A mí me daban veinticinco céntimos de rupia para lanzar piedras pequeñas. Cuando veía a mi padre trabajar en esas condiciones, me sabía mal y sufría.

Nos llevaron a trabajar a la alta montaña. Vimos tibetanos que se morían construyendo aquellas carreteras. Era muy difícil hacer agujeros en las rocas. Perforaban las rocas poniendo pólvora. Algunas piedras salían disparadas y mataban a personas. También había gente que se caía por los barrancos y casi todo el mundo que se caía moría. Muchos tibetanos, como mi padre, trabajaron mucho tiempo haciendo carreteras. Cuando llegaba el invierno, nevaba, nevaba y nevaba... Todo quedaba bloqueado en medio de la nieve. Antes de que empezaran las nevadas, los trabajadores tenían que marcharse de allí y volver a la India. Alguna vez, cuando empezaban a marcharse, comenzaba a nevar y no paraba ni de día ni de noche. Entonces no podían avanzar, tenían que detenerse y quedarse días allí. Recuerdo que eso nos pasó a nosotros. Sobrevivir en aquellas circunstancias era difícil. Por suerte encontrábamos alguna cosa para comer, como algún tipo de harina. Hacíamos un poco de fuego con queroseno y nos quedábamos días dentro de las tiendas de campaña.

Recuerdo aludes de nieve. Vi gente enterrada en la nieve, personas totalmente enterradas, algunas sacaban una mano o una pierna del montón de nieve que las cubría. Verlo era duro. Mi padre siempre intentaba ayudar a todo el mundo, pero no nos dejaba nunca a mis hermanos y a mí. A veces encontrábamos a alguien medio enterrado por la nieve que aún vivía y pedía ayuda. Sentíamos lamentos de personas. Mi padre hacía lo que podía por aquellas personas, para intentar sacarlas de la nieve. Cuando sucedía esto, a mis hermanos y a mí nos dejaba en algún lugar, nos decía que no nos moviésemos de allí e iba a ayudar. Recuerdo una vez que oíamos gritos de alguien a quien no veíamos. Por fin, vimos que los gritos provenían de un hombre que estaba más arriba de la montaña. Suplicaba que lo ayudásemos. Mi padre nos dejó en un rincón, protegidos, y se arriesgó mucho para ir a ayudar a aquel hombre. Era fácil caer y matarse, pero pudo llegar al lugar en donde estaba. Vio que ya estaba medio congelado y que no se podía mover. Afortunadamente, todavía estaba bastante bien de salud. Nuestro padre nos dijo que nos debíamos quedar allí, que tenía que llevar a ese hombre al pueblo y que volvería para buscarnos. Pudo llevarlo hasta el pueblo y en una casa lo curaron, lo atendieron y se salvó. Después nos vino a buscar. Ese hombre quiso mantener contacto con mi padre y yo, en un viaje a la India de hace ocho o diez años, lo encontré y me dijo: «Estoy vivo gracias a tu padre. Me salvó la vida». Yo había vivido la historia de su salvamento, pero hasta ese momento no sabíamos quién era el hombre a quien mi padre había podido ayudar.

Escuelas para los niños tibetanos de la calle

«A mis miles de compatriotas en la India, Nepal, Bután y Sikkim, deseo decirles que todos tenemos la gran responsabilidad de prepararnos para el día en que podamos regresar a nuestro país y construir un Tíbet... más feliz y más grande. El nuevo Tíbet necesitará miles de hombres y mujeres instruidos y hábiles, aptos para democratizarlo sin traicionar nuestro patrimonio cultural y religioso, ni renegar de nuestra alma.»

DALAI LAMA

Muchas niñas y niños tibetanos que vivían en la calle enferma-
ban por falta de comida y por el clima. El Dalai Lama hizo otra
petición al gobierno de la India. Les expuso que los niños estaban acostumbrados al clima frío del Tíbet y que, en cambio, en
la India hacía mucho calor. Les pidió que, por favor, procurasen
solucionar esa situación tan grave. El Dalai Lama también dijo
al gobierno de la India que el futuro del Tíbet dependería de
esos pequeños tibetanos que estaban en las calles y que su educación era una cosa esencial. Pidió al gobierno de Jawaharlal
Nehru que organizase escuelas para aquellos niños y niñas.

El gobierno de la India estudió esta petición y la aprobó.
Entonces el Dalai Lama formó un equipo de tibetanos para
trabajar en este tema. Encargó que buscasen, calle por calle de
determinados lugares de la India, las niñas y niños tibetanos
que vivían allí. Yo también era un niño que hacía cuatro o cinco
años que vivía en la calle, en una tienda. En esa situación, mi
padre dijo que, al ser yo el más pequeño de los hermanos, tenía
que ir a la escuela para aprender y formarme. Así pues, llegó
el momento en que a muchos niños tibetanos nos vinieron a

buscar. No sabíamos a dónde nos llevaban. A mí me llevaron a Dharamsala. Mis hermanos, puesto que eran mayores que yo, se quedaron con nuestro padre porque podían trabajar un poco y acompañarlo.

No recuerdo que esa separación fuese dura para mí. Al decirme que iría a la escuela en donde habían muchos niños, sentí que era una cosa alegre. Sí que es cierto que había niños que estaban tristes por el hecho de separarse de sus familias, pero yo no recuerdo que a mí me pasase eso. Cuando llegué a Dharamsala, vi que había muchas familias tibetanas y muchos niños. Entonces, atendiendo a las diferentes edades de los niños y niñas, organizaron diversos grupos. Los mayores fueron a una escuela y los no tan mayores a otra.

A mí me enviaron a una escuela que estaba en la ciudad de Dalhousie, muy cerca de Dharamsala. En Dalhousie había mucha naturaleza en estado puro, con muy pocos habitantes. Allí vivían muy pocos indios. Los militares ingleses, cuando ocuparon la India, escogieron ese lugar para vivir. Era un lugar de veraneo de los comandantes, altos cargos y demás militares del ejército inglés. Cuando llegamos nosotros, los pocos indios que vivían allí era gente muy humilde, que vivía pobremente. Nosotros vivíamos en grandes casas antiguas construidas por los ingleses después de haber invadido la India y que, entonces, estaban abandonadas.

Dalhousie era un lugar muy bonito, con montañas y muchos bosques. Había numerosos valles, algunos cubiertos de árboles frutales. Esos valles estaban llenos de manzanos, de perales, de albaricoqueros… Y había preciosos bosques de rododendros. Era muy hermoso ver, en medio de los verdes, sus flores rojas, blancas y anaranjadas… Nos comíamos las flores de los rododendros y sentíamos que tenían un gusto muy dulce.

Allí también había muchos animales. Había numerosísimos monos, que saltaban por todos los árboles de los bosques. También vivían muchos animales de los llamados salvajes. Había osos, zorros y chacales. Por la noche gritaban mucho.

En aquellos parajes se hallaba el antiguo palacio de un rey de esa zona que, como hacen otros reyes, también cazaba. Los reyes siempre cazan, como ha hecho el rey Juan Carlos I de España. Espero que ahora el rey, como ya es mayor, no cace más. Menos mal. En aquel palacio vi tigres enteros y ciervos disecados, y, colgados en las paredes, cabezas de jabalíes, buitres y águilas. Por otro lado, las vacas, siempre libres, iban por las calles y por los alrededores de la escuela.

La escuela estaba llena de perros sin amo y los niños jugábamos con los ellos. También con los gatos. Muchos niños y niñas cuidábamos a los perros, que no eran de raza, y jugábamos con ellos. Si eras afectuoso con ellos, ellos respondían con mucho afecto. Muchos niños, aunque tuviesen hambre, compartían su pedacito de pan con los perros, y los animales lo agradecían.

Nosotros llegamos allí en el año 1963. Éramos mil niños y niñas tibetanos los que fuimos a vivir allí. La mayoría teníamos entre nueve y once años. Las condiciones de aquel lugar eran de mucha pobreza material. No teníamos dinero y pasábamos mucha hambre. Sin embargo, lo importante era que teníamos mucho ánimo y estábamos alegres. Estos mil niños vivíamos repartidos en casas en las que había cien o ciento cincuenta niños. Eran casas grandes. En cada casa había un par de cuidadores que hacían las funciones de padre y de madre y se ocupaban de los niños. Dormíamos en grandes dormitorios con literas. Dormíamos cincuenta niños en una habitación amueblada con literas. Veinticinco niños dormían abajo y los otros veinticinco dormían arriba. Solían cambiar las sábanas una vez cada dos meses. Era muy difícil tener sábanas y mantas nuevas, pero estábamos contentos. Teníamos una cama, teníamos sábanas y mantas. No conocíamos la situación de otros niños y no comparábamos. Estábamos contentos con lo que teníamos.

Recuerdo que los días eran largos. Teníamos bastantes ratos para jugar, pero no teníamos juguetes. En mi infancia no tuve ni un solo juguete, como la mayoría de niños tibetanos. Sin embargo, en la escuela nosotros mismos construíamos alguno. Al no tener juguetes, jugábamos con piedras. Las piedras eran nuestros juguetes. Recogíamos piedras y hacíamos juegos. También jugábamos con bolitas de vidrio. Si perdíamos jugando a canicas, estábamos tristes. Cuando ganábamos y conseguíamos tres o cuatro canicas, estábamos muy contentos y nos las llevábamos a dormir con nosotros. También jugábamos a fútbol, pero, en lugar de las pelotas que se compran en las tiendas, teníamos las «pelotas» que hacíamos con calcetines. Los llenábamos con plásticos, con hojas de periódicos viejos y con cosas diversas que podíamos recoger. De todos modos, solo algunos niños podían tener una de estas pelotas. Decíamos:

«¡Este niño tiene una pelota!», «¡Aquel también tiene una!», «¡Qué suerte que tienen!». Nosotros pedíamos que nos dejasen una y, a veces, nos la dejaban diez minutos. No era fácil jugar a fútbol porque no teníamos zapatos o, si teníamos, estaban muy estropeados. Tampoco había campos con césped –como los que tienen en Can Barça, o en el Español, o en Bilbao, o en el Real Madrid–. Nuestros campos estaban llenos de piedras.

A pesar de estas dificultades jugábamos y disfrutábamos mucho de todo. En los momentos difíciles cualquier pequeña cosa es apreciada. Había niños que jugaban al críquet, el deporte nacional de la India. En la escuela nos enseñaban a jugar a este juego que los indios han incorporado desde la invasión inglesa. A mí lo que más me gustaba era jugar con las canicas.

Los niños de Occidente aprecian poco las cosas. Tienen muchos juguetes. Tienen las estanterías de sus habitaciones llenas de juguetes, pero quieren más. Los llenan de juguetes por los aniversarios, por Reyes, etc. Los niños los miran, tal vez juegan con ellos un rato, pero no los valoran. Tener bastantes juguetes no está mal, pero es preciso educar y pensar que nuestros hijos han de practicar la generosidad y compartir, por ejemplo, algunos juguetes con niños del Tercer Mundo que no tienen nada. He conocido a muchos niños de familias ricas que no saben disfrutar de lo que tienen y siempre esperan recibir más regalos. En lugar de disfrutar de lo que tienen, siempre esperan tener más. Tienen las habitaciones llenas de juguetes, pero no son felices. Nosotros, como no teníamos nada, valorábamos mucho cualquier pequeña cosa. No esperábamos nada y nos sentíamos felices. Yo me sentía feliz. Allí todos estábamos en iguales condiciones: ningún niño tenía nada. Si algunos hubiesen tenido mucho y otros muy poco, habrían podido surgir las comparaciones y el deseo de tener, los disgustos, la envidia y los celos.

En un edificio independiente había una gran cocina donde se hacía la comida para los mil niños de la escuela. Comíamos por turnos. Cada casa, cada *house*, tenía un número asignado: el grupo 1, el grupo 2, el grupo 3… Ir a comer se hacía de forma ordenada. Hacíamos las comidas siguiendo un orden concreto. Se habían establecido unas secciones (A, B, C…) formadas por unos veinte chicos y chicas. Cada uno iba a la cocina por turnos a buscar pan, arroz… Teníamos mucha hambre, pero para empezar a comer teníamos que esperar a que hubiesen servido a todos. Entonces, hacíamos ofrendas y bendiciones por la comida que recibíamos. Cantábamos. Puesto que teníamos muchísima hambre y nos daban muy poca cantidad de comida, comíamos muy despacito para que esa comida nos durase más rato. Y aún nos guardábamos un pedacito de pan para más tarde. En realidad, desayunábamos y cenábamos simbólicamente. El gobierno de la India no era rico y aquello que nos daba era mucho. Había muchos niños, muchos campamentos y el gobierno de la India ayudaba mucho. Cada casa tenía un jardín o patio, pero como llovía a menudo, comíamos dentro de las casas. No había mesas y comíamos sentados directamente en el suelo, sin alfombras.

Entonces, hace cincuenta años, en Dalhousie nevaba mucho. Ahora nieva menos. El clima va cambiando en todas partes. A los tibetanos nos gusta mucho la nieve. La nieve es una cosa muy bonita. Allí hacía mucho frío, pero por suerte las casas tenían chimeneas. Y, por suerte, había muchos bosques con muchos árboles y teníamos leña para hacer fuego. A veces, cuando íbamos a dormir, veíamos que empezaba a nevar. Al día siguiente, al despertarnos, ya había más de dos metros de nieve. Nos precipitábamos hacia la puerta de la casa, la empujábamos con fuerza y no podíamos abrirla. Estaba casi cubierta de nieve. Algunos subíamos a las ventanas cubiertas de nieve y procurábamos sacarla. Nevaba muchísimo y nosotros pasábamos mucho frío. Teníamos los zapatos rotos y no teníamos calcetines, pero los niños teníamos ganas de jugar y, aunque sufriéramos por el frío, jugando no lo sentíamos tan adentro. Jugábamos mucho con la nieve.

Todos estábamos internos allí. Vivíamos allí noche y día, y no nos movíamos de ese internado. En tiempos de nevadas fuertes, la escuela cerraba durante un mes aproximadamente, y los niños se podían ir con sus familias. Sin embargo, yo no me podía mover de allí. Cuando fui a vivir a la escuela, mi padre vino a vivir cerca, pero donde vivía no tenía condiciones para acogerme y no me podía quedar a dormir en ese lugar. Vivía en una casa muy pequeña con unos tíos y con una tía monja. En una pequeña habitación dormían cuatro personas, con la cocina en medio de la habitación. Yo, por lo tanto, me quedaba en la escuela. Mi padre algún día pedía permiso para llevarme con él y me venía a buscar para que pasásemos el día juntos. Ese día me compraba caramelos –dos o tres caramelos– y paseábamos.

Nos explicábamos nuestras cosas. Mi padre era muy afectuoso y recuerdo que, por las calles, saludaba a todo el mundo. El tiempo pasaba deprisa y por la noche volvía a la escuela a dormir. Por todo esto, no hice nunca vacaciones y nunca pude pasar una noche fuera de la escuela. Los doce meses estaba interno allí. Eso le pasaba a la mayoría de niños y niñas.

En la escuela nos daban noticias de los padres. Yo sabía que mi padre estaba trabajando, haciendo carreteras, pero muchos no sabían dónde estaban sus padres. Muchos padres e hijos no tenían ninguna conexión. Los padres sabían que los niños estaban viviendo en la escuela, pero no tenían medios ni dinero para ir a ver a sus hijos. A veces algunos padres pensaban que valía más no reencontrarse con sus hijos por miedo de que los niños, después de un mes de vacaciones, no quisieran volver a la escuela. Pensaban que era mejor dejar que los niños estudiasen y jugasen sin interrupciones. En mi caso, no recuerdo haber tenido añoranza de mis padres y de mi familia. Estaba contento en la escuela, donde hacíamos un trabajo interesante sobre el cuidado de la mente y del cuerpo.

La escuela estaba formada por varios edificios y afuera había campos donde podíamos jugar. Delante de la escuela había las banderas de la India y del Tíbet. El millar de estudiantes, todos niños y niñas tibetanos, hacíamos un horario escolar establecido. Cada día, antes de comenzar las clases, tocaban las campanas de la escuela y todos nos poníamos en filas, cada una de las cuales correspondía a una clase. El orden en las filas venía dado por la altura; delante iban los más bajitos. Todos los profesores estaban de pie, mirando a los niños. Aquello era un espectáculo muy bonito. En primer lugar, hacíamos unos ejercicios físicos similares a posturas de yoga. Hacíamos unos cuantos ejercicios con los brazos, al ritmo de «uno, dos, tres...». Esto nos daba una energía especial. Después, la primera cosa que hacíamos era rezar. Mil niños y niñas cantando oraciones juntos era una cosa muy especial, muy hermosa. A continuación, cantábamos el himno nacional del Tíbet y el himno nacional de la India, y después cada uno iba a su clase y comenzábamos a estudiar.

Haber podido vivir en esa escuela fue muy importante para mí, fue una gran oportunidad de enriquecerme con conocimientos.

Había profesores indios, había lamas. Los profesores indios nos enseñaban la lengua hindi y la lengua inglesa, ciencia, geografía y matemáticas. Los profesores tibetanos nos enseñaban lengua y gramática tibetanas e historia del Tíbet. Los lamas nos enseñaban budismo, filosofía budista tibetana. Algunos maestros indios eran bastante duros, pero enseñaban bien los conocimientos. Algunos pegaban a los niños tibetanos que solo querían jugar, hacer bromas y que no escuchaban ni obedecían. Había algún maestro indio que siempre estaba de muy mal humor. Recuerdo a uno en particular. A menudo, cuando paseábamos, oíamos gritos en su casa y que discutía con su mujer. Nosotros teníamos entre nueve y once años, pero nos pareció comprender por qué siempre estaba tan de mal humor: el problema de su casa lo llevaba a la escuela y, a su vez, volvía a casa todavía más enfadado. Se producía el círculo vicioso de la ira.

Estos maestros nos ponían muchos deberes y cada día nos preguntaban a cada uno si los habíamos hecho. Si no llevábamos los deberes acabados, nos pegaban con los cinturones. Había niños que cada día recibían latigazos con los cinturones o con las ramas de los árboles. Al principio, lloraban un poco, pero después se acostumbraban a ello. Ahora esto se consideraría una forma equivocada de educar, pero en aquella época se creía que era una buena herramienta de educación. Las conductas extremas no son buenas, pero era una costumbre que los niños veíamos como algo normal: si no hacíamos los deberes, sabíamos que nos castigarían. Tampoco es bueno que a los niños se les pida casi con miedo que hagan las cosas y se les permita que no hagan nada de lo que se les dice.

Pienso en un lama que nos enseñaba filosofía. Estábamos muy contentos de tenerlo. Cuando llegaba, sonreía y, antes de comenzar la clase, dedicaba diez minutos a darnos consejos. Nos preguntaba: «¿Todo el mundo está contento?». «¿Hay alguien que esté enfadado?». Después comenzaba a transmitir enseñanzas esenciales de filosofía budista y la importancia del valor de la vida. En su clase, los alumnos sentíamos mucha paz y, cuando sonaba la campana, ya estábamos preocupados pensando en qué maestro nos tocaría.

Alguna tarde libre íbamos a pasear. Aunque sabíamos que robar era una cosa que estaba mal, teníamos mucha hambre y allí había muchos campos de indios en los que había muchos árboles frutales y campos de maíz. Decíamos: «¿Vamos a robar alguna cosa para comer?». Algún niño decía: «No, no, robar no. Vamos a casa del lama que nos dará alguna cosa». Íbamos tres o cuatro niños, llamábamos a la puerta y el lama nos hacía entrar. Nos decía: «¿Tenéis hambre, verdad?». Y siempre nos daba comida.

En la escuela, la vida era intensa y yo no añoraba a mi familia. Había familias de niños que pedían visitarlos y algunas venían cada semana. Llevaban comida, regalos y frutas, que allí, aunque entonces eran productos baratos, resultaban caros y difíciles de adquirir para la gente que no tenía dinero. A veces, los niños que no teníamos visitas pensábamos: «Qué suerte que estos niños tienen mucha comida». No pensábamos: «Qué mal que nosotros no tengamos comida y que estos niños sí tengan». Nos enseñaban a no tener celos, a no ser celosos. También tengo que decir que, cuando veíamos a un niño que tenía muchos regalos, íbamos con él y procurábamos hacernos amigos suyos. Le decíamos que él era muy bueno y, algunas veces, conseguíamos que nos diese un pedacito de fruta o alguna cosa. Entonces, sentíamos un gran gozo y se lo agradecíamos mucho. Cuando nos ofrecían un pedazo de pan, nos lo comíamos muy despacito. Tal vez hacíamos unos diez pedacitos y nos los íbamos poniendo en la boca de uno en uno para que aquel pedazo de pan inicial nos durase más rato. Lo agradecíamos mucho.

Había momentos en que teníamos mucha hambre. Cuando esto ocurría, como no teníamos dinero –ni un céntimo–, teníamos que pensar en algún recurso. En mi caso, me ayudaba que ya en la escuela me era fácil hacer amigos (luego seguí teniendo la misma facilidad en el monasterio, y más adelante). Allí, en la escuela, por ejemplo, los fines de semana, si me encontraba a niños de buena fe, que eran buenos estudiantes, los saludaba («Tashi Delek, Tashi Delek….») y me invitaban a que me fuera con ellos y pasáramos todo el día juntos. Eran chicos que querían estudiar, llevaban libros y estudiábamos. Por otra parte, si me encontraba con niños traviesos, me decían: «Wangchen, ¿qué tal? ¡Vámonos!», y yo me iba con ellos y pasaba todo el día bajo la influencia de aquellos niños que hacían travesuras.

Algunos eran tremendos y decían: «Vamos a robar». Teníamos mucha hambre y no podíamos comprar nada. Allí había campos de maíz, de patatas, de manzanos, de perales. Cogíamos patatas y maíz, buscábamos un poquito de leña y allí mismo hacíamos un fuego. Cocíamos las patatas encima del fuego y nos las comíamos. Unos niños subían a los árboles para coger manzanas o peras y los otros niños vigilaban. Me decían: «Tú, Wangchen, quédate aquí, vigila y, si viene alguien, nos avisas». Cogíamos algunas manzanas, nos las comíamos y disfrutábamos de ello. En la escuela nos enseñaban que no teníamos que robar. Nos decían que, aunque fuese una mínima cosa que tuviese un valor mínimo como una aguja, no debíamos robar nunca nada. En esos momentos, nosotros no teníamos conciencia de robar.

Los campesinos sabían que había niños que robaban fruta y nos vigilaban. Cuando no podíamos robar su fruta y teníamos mucha hambre, íbamos a ver a algunos monjes y lamas. Todos tenían casa y mesa. Tenían fruta y pan. Estábamos seguros de que ellos nos darían un poco de comida. Íbamos a sus casas y llamábamos a las puertas Nos decían: «Entrad, entrad. ¿Tenéis hambre, verdad?». Nos hacían entrar y nos daban manzanas, melocotones, plátanos, un poco de pan y, sobre todo, mangos.

En verano los días eran muy largos. Jugábamos mucho y teníamos aún más hambre. Necesitábamos comer más. Las cocinas eran muy grandes, ya que tenían que cocinar para mil niños. Hacían muchas *chapatis*, los panes típicos de la India. Tenían que hacer unos dos mil o tres mil. Los dejaban cortados y preparados para la hora de la comida. Estaban en un rincón de la cocina, colocados en montones. Cuando los cocineros estaban descansando y en la cocina no había nadie, algunas veces entrábamos para coger panes. A mí me tocaba vigilar que no viniese nadie. Unos niños entraban y robaban unos diez *chapatis* de la cocina y nos daban alguno. Nunca robamos dinero. Solamente robamos comida.

En la escuela no comíamos carne porque era cara, comíamos verduras, arroz, lentejas, pan y fruta. Recuerdo que, al dejar los sacos de lentejas allí durante meses, dentro de los sacos había insectos que se cocinaban junto con las lentejas. Nosotros veíamos los animalitos muertos, los sacábamos del plato y continuábamos comiendo. Entonces pasar hambre era un poco duro, pero, si lo pienso ahora, veo que aquellas experiencias me enriquecieron porque me han hecho capaz de valorar las cosas.

Recuerdo una anécdota vivida en la escuela que tiene relación con los espíritus. En el Tíbet tenemos bastante presente la existencia de los espíritus y en la escuela hablábamos de ello. Nosotros vivíamos en casas antiguas que habían pertenecido a los ingleses y muchos de ellos habían muerto allí. Algunos habían matado a muchos indios. Unos murieron de enfermedades y otros por diferentes causas. En las casas que estuvieron vacías durante años había espíritus. Antes de llevarnos a vivir allí, los monjes habían hecho diferentes ceremonias para echar a los espíritus, pero quedaron algunos. Había niños que veían a los espíritus y había chicos que estaban afectados por ellos. Recuerdo que por las noches yo tenía miedo de los espíritus y me ponía en medio de la cama, bien tapado, procurando no moverme. Cuando teníamos que ir a orinar, no teníamos suficiente valentía para ir solos a los lavabos que estaban fuera de la casa. Para llegar hasta ellos teníamos que atravesar la oscuridad. Muchos niños que necesitaban ir esperaban a que otros tuvieran que ir e iban juntos. Yo también tenía miedo y no quería ir solo. Por miedo, me había orinado en la cama dos o tres veces. Cada día, cuando nos despertábamos por la mañana, limpiábamos, plegábamos muy bien las mantas y las guardábamos. Después entraba el monitor y revisaba cómo habíamos dejado las cosas y el orden en las literas. También miraba si algún niño se había hecho pipí y, cuando encontraba a uno que se había orinado, lo castigaba un poco.

Podría explicar muchas cosas de los niños y niñas que estaban afectados por espíritus malignos. Al ver a esos niños enfermos, responsables de la escuela pidieron que viniesen unos lamas a hacer unas ceremonias. Vinieron unos lamas e hicieron unas ceremonias especiales para estos casos. Muchos espíritus se marcharon y quedaron muchos menos, pero tuvieron que hacer unas segundas y terceras ceremonias para que acabasen de marcharse. Finalmente, la casa quedó limpia y los niños vivieron más saludables y sin miedo.

Tanto en nuestras escuelas como en los monasterios tratamos el tema de los espíritus. Así como hay humanos con diferentes formas de ser, de niveles muy distintos, también hay espíritus de diferentes clases. Hay espíritus buenos y espíritus muy buenos, y hay espíritus malos y espíritus muy malos. Si tú estás bien, incluso puedes dar órdenes a los espíritus, y los espíritus te ayudan a cumplir aquello que quieras realizar. Hay espíritus que hacen daño a personas. Si una persona está siempre físicamente mal o mentalmente mal, siempre fracasando en muchas cosas, los lamas tienen un recurso de adivinación, un sistema de adivinación sobre los espíritus que se practica con la ayuda de un tipo de dados –seis dados de diferentes formas–. En ese sentido, los números también nos ayudan. Hay remedios, ceremonias y rituales para curarse de esos espíritus. Una vez hechos, la persona se encuentra bien, con la salud física y mental recuperadas.

Hay personas que han sufrido los efectos de la magia negra y van al encuentro de los lamas quienes, mediante unas ceremonias individualizadas que pueden ser cortas, medianamente largas o bastante largas, eliminan sus efectos, dan protección y hacen perder el miedo. Hay unos remedios del Dalai Lama que ayudan en esto y hacen, junto a lo demás, que las personas se fortalezcan. Muchas personas que no pueden dormir, que duermen mal, que tienen sueños pavorosos que asustan, después de las ceremonias, duermen bien y recobran la salud y la paz. Eso funciona, es efectivo.

A veces, estos estados insanos son fruto de construcciones mentales, pero a veces son obra de los espíritus. También es muy importante la motivación de querer estar bien. En ocasiones, los fracasos no dependen de ningún espíritu, si no que vienen dados por el karma que tengas, por los efectos de tus acciones. La pregunta que mucha gente se hace «¿Por qué a mí?» se puede responder, según el budismo, sabiendo qué es el karma. La realidad es así. Lo explico desde mi experiencia y desde la experiencia de muchas personas que lo han vivido. Acaso a alguien todo esto le suene extraño. Y si alguien no se lo cree, no pasa nada. Bastante gente de Occidente también me ha explicado cosas relacionadas con los espíritus. Algunas me las creo y otras me cuesta creerlas.

Volviendo a la escuela, mi clase estaba considerada la mejor de toda la escuela. Éramos unos treinta alumnos. La mayoría éramos chicos, solamente había cuatro chicas. Una era mi hermana. Yo no acabé toda la formación en la escuela porque en octavo curso decidí hacerme monje y marcharme, pero muchos de mis compañeros acabaron su formación. Algunos no aprobaban las asignaturas y tenían que repetir el curso. Otros no estudiaban demasiado, pero en el momento de los exámenes copiaban. En mi caso, nunca suspendía, pero tampoco sacaba las calificaciones máximas. Había compañeros que estudiaban mucho y yo no estudiaba tanto. Muchos fueron a estudiar a la universidad y todos tienen hoy cargos importantes: el secretario privado del Dalai Lama, importantes cargos en el Gobierno Tibetano como el ministro de Seguridad, el representante del

Dalai Lama en Rusia, en Australia, directores o representantes de campos de refugiados en la India. Estoy muy orgulloso de haber sido uno de sus compañeros.

De pequeño, no había visto personalmente al Dalai Lama, pero había escuchado muchas cosas sobre Su Santidad. En la prensa a veces veíamos alguna pequeña fotografía suya en blanco y negro. En aquellos momentos, en la India las impresiones y las fotografías de la prensa eran de muy mala calidad, pero en la escuela las recortábamos. Recuerdo haber recortado alguna y después, tal como hacían los otros niños, las enganchaba en las paredes de la escuela y en la pared de la habitación, encima de la cama, al lado de donde dormía. Las enganchábamos con pan masticado. Cuando las veíamos, nos emocionábamos. A mí, como a la mayoría de niños, me habían hablado mucho del Dalai Lama y, para nosotros, tener imágenes de él era una cosa muy especial. Las buscábamos.

Un día, en la escuela, nos dijeron que vendría el Dalai Lama a visitarnos. Creo que, en aquel momento, tenía doce o trece años. No recuerdo exactamente en qué año tuvo lugar esto. Efectivamente, vino a la escuela y los niños estábamos muy impresionados. Él se mostraba con su sencillez habitual. Para nosotros era como tener a Buda delante. Fue una experiencia magnífica. En la escuela hubo mucha organización para recibirlo. Su Santidad vino con cuatro o cinco secretarios amigos, hablaba con los niños y, realmente, conectó con nosotros. De alguna forma hubo comunicación de persona a persona. Aunque fuésemos pequeños, recordamos las palabras y los mensajes que nos dio: que teníamos que ser buenas personas, buenos chicos y buenas chicas, que teníamos que tener buen corazón, que teníamos que ser simpáticos. Nos dijo que era importante que estudiásemos porque éramos el futuro del Tíbet y que, si nos preparábamos bien, podríamos servir debidamente a nuestro país. Nos decía que no olvidásemos esto. Insistía en que estudiáramos, en que nos comportásemos bien, en que llegásemos a ser buenas personas en el futuro y en que tuviésemos esmero en cuidar de nuestro interior, es decir, que mantuviésemos la paz dentro de nosotros, que mantuviéramos el equilibrio. El Dalai Lama, después de la visita a la escuela, volvió a Dharamsala, donde actualmente hay la sede del Gobierno Tibetano en el Exilio.

Desde pequeño, ver monjes me inspiraba. Siempre que veía lamas y monjes me sentía inspirado. Los lamas, normalmente, gracias a su práctica meditativa y a su filosofía, mantienen la calma mental, ayudan a otras personas a controlar su ira, el odio, el hecho de sentirse molesto a causa de los otros. Cuando veía un grupo de monjes y lamas meditando y cantando, me inspiraba mucho. Ver, en una ceremonia, cincuenta o cien lamas y monjes meditando y cantando me resultaba muy atractivo, me atraía profundamente. Mi padre, que era muy religioso, a menudo, cuando estaba en la escuela, me decía: «¿Te gustaría hacerte monje?» y yo siempre le respondía: «Sí, sí...». Él decía que hacerse monje era una muy buena cosa. Cuando yo tenía unos catorce años, mi padre y yo fuimos a hablar con el director de la escuela. Era un lama, un sabio, un maestro, un *rinpoche*:

Samdhong Rinpoche. Le queríamos pedir permiso para que yo pudiese dejar la escuela e ir a un monasterio para ser monje. Al hacer la petición, el director se quedó en silencio, reflexionando, y nos dijo que era una muy buena decisión, pero añadió que yo estaba haciendo el sexto curso y que me iría muy bien que siguiera estudiando hasta octavo. Consideraba importante que estudiase dos años más allí. Tener los ocho cursos acabados era una preparación académica que te permitía obtener un título apto para trabajar y acceder a diferentes estamentos. Dijo que valía la pena que los cursara y que después fuera a un monasterio para ser monje. Añadió que, si tras hacer los dos cursos tenía dificultades para acceder a algún monasterio y sobre todo para acceder al monasterio del Dalai Lama, él me ayudaría. Me dijo: «No te preocupes. Ahora te toca estudiar». Aceptamos y seguí su consejo.

Acabé el sexto curso, también el séptimo y, en el octavo curso, dijeron de repente que el Dalai Lama haría una iniciación al *Kalachakra* –la Rueda del Tiempo–. *Kala* en tibetano quiere decir «tiempo» y *chakra*, «rueda». El *Kalachakra* es una importante enseñanza budista. El Dalai Lama hace el *Kalachakra* para la promoción de la paz mundial. Este el principal motivo del Dalai Lama para hacer la Rueda del Tiempo. El propósito es transformar el tiempo positivamente para que el mundo sea mejor, para llegar a la paz mundial. Otros dalai lamas, en toda su vida en el Tíbet, solo hicieron tres veces esta iniciación. Supimos que el Dalai Lama, antes de haberse exiliado del Tíbet, había ofrecido dos iniciaciones al *Kalachakra* –una en 1954 y la otra en 1956–. Ahora, por lo tanto, en marzo de 1970 haría la tercera. Se comentaba que tal vez solo ofrecería tres. Si no íbamos a esta tercera iniciación, tal vez ya no tendríamos otra oportunidad. Es una iniciación preciosa y es muy importante la conexión que se establece con el Dalai Lama. Puesto que valía tanto la pena estar allí, la escuela incluso cerró durante diez o quince días. Los niños y las niñas que quisimos ir a recibir la iniciación pudimos marchar de la escuela e ir a Dharamsala. Yo me apunté y fui. Fui, pues, a Dharamsala para recibir la iniciación al *Kalachakra*. Para ir de la escuela a Dharamsala tardábamos unas seis horas en autobús. A los niños desde pequeños nos gustaba oír la expresión: paz mundial. Casi todos los niños de la escuela fuimos y, aunque no entendimos muchas cosas, la fe y la devoción nos hizo bien a todos.

Allí, durante las ceremonias, encontré a muchos amigos y familiares que vivían en diferentes partes de la India y Nepal. Entonces tenía dieciséis años. Eso sucedió en el año1970. Mi intención era recibir la iniciación y volver a la escuela. Los días que estuvimos en Dharamsala asistimos a las ceremonias para recibir la iniciación al Kalachakra. Cada día veía al Dalai Lama, pero estaba situado bastante lejos de él. Lo podía ver desde una distancia considerable. En esos días nos reuníamos con nuestros familiares y amigos. Todos me decían: «¡Ahora no vuelvas a la escuela, eh! Quédate en el monasterio». A mí me cuesta decir que no y les respondía que lo intentaría. Al final me convencieron. En cambio, mi hermana me pidió que regresáramos juntos a la escuela y le tuve que explicar que había decidido quedarme en el monasterio. Entonces, ella supo que tendría que volver a la escuela con los otros niños.

Hablamos con el responsable de seleccionar a los candidatos que querían entrar en el monasterio personal del Dalai Lama y como mi hermano ya era monje en este monasterio, me presenté como el hermano pequeño de Tenzin La. Y, personalmente, dije a ese monje que quería entrar en el monasterio.

Llegó, por tanto, el día de no volver a la escuela de Dalhousie y de quedarme en Dharamsala para poder vivir y estudiar en el monasterio personal del Dalai Lama. Reviviendo esos momentos, siento que, después de haber recibido esa oportunidad de formación en la escuela, había llegado el momento de dar todo lo que pudiera por nuestro Gobierno Tibetano y de mostrar mi agradecimiento al Dalai Lama y al gobierno de la India.

Con su hermano, Tenzin Thabkhey en Bodh Gaya, India (1984)

Con maestros y compañeros en el monasterio de Namgyal de Su Santidad el Dalai Lama (1979)

Con el monje budista Matthieu Ricard en el V Aniversario de la Casa del Tíbet (14 de diciembre de 1999)

Meditando en la colina de Trirend, la joya de la corona de Dharamsala, en las faldas de las montañas Dhauladhar, India, a 2.828 metros del altitud

En Dharamsala, India (2017)

En la celebración del 80 cumpleaños de Su Santidad el Dalai Lama (julio de 2015)

Con Su Santidad el Dalai Lama y el papa Juan Pablo II, tras el primer encuentro interreligioso celebrado en Asís (1986)

Robert Thurman (escritor y tibetólogo) y Klaus Hebben (benefactor de la Casa del Tíbet), recibiendo a Su Santidad el Dalai Lama en su visita a la fundación (9 de septiembre de 2007)

Jetsun Pema (hermana de Su Santidad el Dalai Lama), Rebiya Kadeer (líder uigur, candidata al Premio Nobel de la Paz 2006) durante el Tercer Ciclo de la No Violencia celebrado en la *Fundació Casa del Tibet* de Barcelona, Wangchen y Omer Kanat, traductor de Rebiya Kadeer (noviembre de 2010)

Su Santidad el Dalai Lama fue recibido en el Parlament de Catalunya por el presidente Ernest Benach y los representantes de los grupos parlamentarios (10 de septiembre de 2007)

En una manifestación frente al Consulado de China en Barcelona para pedir la libertad de tibetanos encarcelados sin juicio y de manera arbitraria antes de la celebración de los Juegos Olímpicos de Pekín (17 de marzo de 2008. Foto REUTERS © Gustavo Nacarino)

Con Richard Gere en un intervalo del Festival de Cine de San Sebastián (21 de septiembre de 2012)

Lama Wangchen con Adolfo Pérez Esquivel, premio Nobel de la Paz en 1980 (Foto © Gustavo Navarro)

Con el economista Arcadi Oliveres (presidente de la Associació Justícia i Pau de Barcelona) y el padre capuchino Joan Botam i Casals (premio Creu de Sant Jordi por su contribución al diálogo interreligioso) durante la Marcha por la Paz celebrada el 3 de junio de 2018 en Barcelona

En el monasterio personal del Dalai Lama

Vida y estudio

«La práctica de la compasión me proporciona la mayor de las satisfacciones. Sean cuales sean las circunstancias o la tragedia que me es preciso afrontar, practico la compasión. Eso reafirma mi fuerza interior y me procura felicidad al hacerme sentir que mi vida es útil. Hasta ahora me he esforzado de la mejor manera que he podido en practicar la compasión y lo seguiré haciendo hasta que llegue mi último día, hasta mi último suspiro. Porque en lo más profundo de mi ser siento que soy un servidor abnegado de la compasión.»

Dalai Lama

El regalo más grande de mi vida ha sido mi encuentro con el Dalai Lama. Para muchos tibetanos y para muchísima gente ver al Dalai Lama, saludar al Dalai Lama, escuchar al Dalai Lama y, ya no digamos, poder aprender a su lado, es un sueño. Millones de personas que lo quisieran saludar no han conseguido verlo en persona y solo han podido contemplar su imagen en una fotografía. Algunos ni lo han podido ver en una fotografía.

De pequeño viví muchos problemas a causa de lo que pasó en mi país, en el Tíbet: el asesinato de mi madre, la huida, el tiempo de exiliados y de mendigar, dormir y comer en las calles de Nepal y de la India. A pesar de todo ello, al final, gracias al gobierno indio y a la visión de futuro del Dalai Lama, pude ir a la escuela en la India y aprender nuestra historia, nuestra tradición, la lengua, la filosofía y la cultura tibetanas. Aprendí tibetano, inglés e hindi. Y pude entrar en el monasterio de Namgyal. Por suerte, por conexión kármica o por lo que sea, me aceptaron en el monasterio personal del Dalai Lama, en el monasterio privado de Su Santidad. No es fácil poder formarte en él. Tienes que tener buenas conexiones o alguna situación especial que lo haga posible. No puede entrar allí cualquier chico que lo pida. Afortunadamente, en mi caso, recibí el gran regalo de poder formarme en el monasterio de Namgyal.

El monasterio de Namgyal está en Dharamsala. El gobierno de la India nos ofreció este lugar cuya naturaleza es muy parecida a la del Tíbet. Desde allí se ven las montañas con las nieves perpetuas. En Dharamsala hay muchos animales, sobre todo perros sin amo. Y también gatos.

En el monasterio nuestra misión principal era estudiar filosofía y practicar. Cada día, teníamos que practicar el máximo posible para que nuestra vida fuese mejor. Y comprender que, a través de la propia vida que cada vez era mejor, se podía ayudar a los demás. Se trataba de entender cómo se puede beneficiar a los demás y qué trabajos sociales puede hacer uno. Y que beneficiar a los otros es el principal propósito. Es fundamental tratar de mejorarse uno mismo y, sobre todo, beneficiar a los demás. Los otros son más importantes que uno mismo. Los otros son numerosos, incontables, y tú solamente eres uno. No tenemos que ser tanto «yo».

En el Vaticano, por ejemplo, los religiosos que viven allí viven mucho mejor que otros religiosos católicos que habitan otros lugares. En el Vaticano tienen más posibilidades económicas, más condiciones para estudiar, etc. Al lado de esto, tienen más responsabilidad en muchos sentidos. Pasa alguna cosa parecida si estás viviendo en el monasterio del Dalai Lama. Esto es un don, un regalo, es una situación privilegiada, incluso podríamos decir que es una buena suerte. Sin embargo, esto comporta una gran responsabilidad. Es, sobre todo, la responsabilidad de hacer el bien y de dar buen ejemplo del budismo, buen ejemplo del hecho de ser tibetanos, en el sentido de no hacer el mal, de hacer el bien. También tenemos que mostrar cómo es el Tíbet y, por lo tanto, explicar su origen, su historia, las cosas buenas del Tíbet, como son la naturaleza, los Himalayas, esas cordilleras, esas montañas que son el techo del mundo.

Entré en el monasterio en 1970 y estuve allí hasta finales de 1981. Viví allí once años y disfruté de mi vida de joven. Gracias al hecho de estar cerca del Dalai Lama, intenté aprender alguna cosa de sus enseñanzas. Para los tibetanos el Dalai Lama es el personaje simbólico del Tíbet. Desde pequeños lo sentimos como un dios y yo lo sentía así. Lo sentía como un Buda viviente.

Cada monasterio es diferente. Cada uno tiene una situación singular y un programa educativo un poco distinto al de los demás. Nuestro monasterio se llama Namgyal y es el monasterio personal del decimocuarto Dalai Lama, Tenzin Gyatso. Namgyal es el nombre de una divinidad victoriosa, que se refiere a la larga vida. Los monjes que hemos podido vivir en el monasterio Namgyal nos sentimos muy afortunados porque es un centro muy importante. Podríamos decir, también, que viene a ser algo parecido a lo que representa el monasterio de Montserrat para Cataluña.

Para ser aceptado, era necesario hacer pruebas y superar diferentes selecciones. Se exigían requisitos determinados y había mucho control. Evaluaban la conducta y la inteligencia de los candidatos. Tenían en cuenta si los chicos eran inteligentes o no, qué comportamiento tenían, etc. Este monasterio privado del Dalai Lama es, para los budistas tibetanos, como el Vaticano para los católicos. El lama Rato Rinpoche, responsable de la selección, determinó que podía entrar en el monasterio. Lo agradecí mucho y estuve muy contento.

Comencé a ver al Dalai Lama más a menudo, y eso me impactaba y me hacía un gran bien. En aquellos momentos, el Dalai Lama no tenía la gran cantidad de compromisos que tiene ahora, vivía un poco más tranquilo. Era más joven y tenía más tiempo. Entonces el mundo no sabía demasiadas cosas del Dalai Lama y él no tenía las conexiones internacionales que tiene en la actualidad. Asistía a muchas ceremonias que tenían lugar en el monasterio y lo veíamos. Estábamos cerca de él, y eso era muy importante para nosotros.

En este monasterio, como en el palacio de Potala del Tíbet, hay diferentes edificios. En el centro y sobresaliendo de las demás construcciones, hay un edificio rojo, que es la residencia del Dalai Lama, y otros edificios, también rojos, con salas para realizar ceremonias y con salas para llevar a cabo congresos y reuniones. Mirando el palacio de Potala, a la izquierda de la residencia del Dalai Lama, está el monasterio de los monjes, que representa la parte espiritual; y a la derecha están los edificios dedicados a la política y a la administración del país. La residencia del Dalai Lama está en el centro, equilibrando, como en una balanza, la parte espiritual y la parte política. Hasta el año 2010, el Dalai Lama representaba el poder político y espiritual del Tíbet. El palacio de Potala, en el centro de la capital del Tíbet, Lhasa –una de las maravillas del mundo–, contiene unas mil habitaciones y nunca ha podido ser destruido por los chinos. Muchos turistas y simpatizantes del Tíbet nunca olvidarán esta maravilla. Fue construida en la roca y está hecha de piedra, sin cemento y sin clavos, pero los cañones chinos, a pesar de intentarlo, no han logrado destruirlo.

En el Tíbet, el monasterio de Namgyal tenía ciento setenta y cinco monjes. Y el monasterio Namgyal de Dharamsala, también. Había lista de espera porque siempre se mantenía esta cifra de monjes, ni más ni menos. Cuando los monjes huyeron del Tíbet, solo cincuenta y cinco pudieron llegar a la India. Algunos murieron en el Tíbet, algunos se quedaron allí, otros murieron yendo hacia el exilio. Estos cincuenta y cinco monjes, al principio, tuvieron una vida difícil, una vida de refugiados. No sabían a dónde ir y algunos dejaron de ser monjes. Eran como un rebaño sin pastor. Poco a poco, se reunieron con el Dalai Lama y establecieron un nuevo monasterio en la India, en Dharamsala.

Estaba muy contento de poder vivir en el monasterio de Namgyal. En aquellos momentos, ya habían entrado veintitrés monjes nuevos. Yo era el veinticuatro. Después de mí, entró otro. Formábamos una clase de veinticinco monjes. Todos teníamos más o menos la misma edad. Había una oscilación de unos dos o tres años, por arriba y por abajo.

Cada día nos levantábamos a las cuatro o a las cuatro y media de la madrugada. Las campanas nos despertaban. En el monasterio nos enseñaban que, al abrir los ojos, la primera cosa importante era pensar que ese día teníamos que aprender alguna cosa a nivel espiritual. No se trataba de aprender en un sentido religioso, sino espiritual. Después de lavarnos y vestirnos, teníamos la meditación de la mañana, hacíamos una hora o una hora y media de meditación, y teníamos que memorizar algo para la ceremonia. Todos los monjes nos reuníamos y meditábamos. Cantábamos… Pensábamos que teníamos una gran suerte de poder estar vivos y de estar allí. Éramos conscientes de que muchas personas aquella mañana ya no se habían podido despertar porque, durante la noche, se habían muerto en algunos lugares y en algunas casas. Nos hacíamos conscientes de la buena suerte de estar vivos, de tener la mente sana y el cuerpo sano, y decidíamos aprovechar el día, un día más, para ser útiles, para aprender bien, para hacer el bien y para actuar bien para uno mismo y para los demás. Nos proponíamos intentar no enfadarnos mucho, no hacer mal a nadie, no engañar a nadie, no molestar a nadie durante aquel día. Por la mañana hacíamos estos propósitos y planificábamos el día con estos objetivos. De la misma forma que mucha gente se planifica la agenda poniendo en cada hora del día una actividad, nosotros fijábamos estos objetivos. Éramos conscientes del valor de estar sanos y de la importancia de utilizar el día que teníamos por delante, porque no sabemos qué puede pasar mañana. Hoy tenemos la posibilidad de vivir y de actuar correctamente. La meditación y el hecho de haber respirado correctamente durante un rato nos propiciaban ser felices durante el día. Y aunque ese día tuviéramos algún problema o sucediera que alguien nos molestara con sus palabras, teníamos fuerza interna para que aquello no nos afectara.

A continuación, nos dedicábamos a memorizar textos de rituales. De cualquier cosa memorizada, un maestro nos iba explicando el significado, aquello que quería decir cada palabra, cada conjunto de palabras y cada línea aprendida. Es importante la transmisión de maestro a discípulo. En el budismo tenemos la suerte de tener maestros que nos enseñan y transmiten enseñanzas. Por este hecho, el budismo está bastante vivo. No digo que el budismo sea mejor que otras religiones, digo que está vivo. Y esto, en parte, es gracias a la existencia de las transmisiones de enseñanzas entre maestros y discípulos.

Tuvimos dos maestros principales. Para mí aquella época fue muy agradable y muy significativa porque, no solamente rezábamos, rezábamos y rezábamos, sino que también estudiábamos filosofía. Además, teníamos maestros de rituales, maestros de filosofía, maestros de arte espiritual, de arte sagrado y de danzas sagradas. En el monasterio nos enseñaron, como materia principal, filosofía budista. Después también nos enseñaban la manera de realizar las ceremonias. Eso también era muy importante. Por otra parte, estudiábamos aspectos de la vida social. Ser monje no quiere decir renunciar a todo y necesitamos saber qué es necesario efectuar en diferentes situaciones (por ejemplo, si nuestros vecinos están enfermos o si en el pueblo de al lado hay abuelos enfermos, o si alguien se está muriendo). Nos enseñaban a ayudar en situaciones concretas y difíciles, y la manera de transmitir enseñanzas espirituales. El Dalai Lama siempre nos dice: «Aunque seáis monjes, tenéis que vivir en el mundo».

Cuando los monjes vivían en el Tíbet, rezaban y el pueblo les llevaba ofrendas y comida. No tenían que preocuparse por la subsistencia. Sabían que, siendo monjes budistas, no se morirían de hambre. En toda la historia del budismo, no hay ni un solo monje que se haya muerto de hambre. Buda mismo dijo que cualquier seguidor de su doctrina no se moriría de hambre. Con ello quería decir que, si haces el bien, siempre habrá alguno de los miles de seguidores del budismo que te ayudará y te llevará comida. El Dalai Lama nos decía que éramos jóvenes, que teníamos que aprender las enseñanzas espirituales y religiosas, pero que también era necesario aprender conocimientos del mundo contemporáneo. Decía que, además de aprender la lengua tibetana, teníamos que estudiar otras lenguas y sobre todo hindi, la lengua del país en donde residíamos. También estudiábamos matemáticas, ciencias, ciencias sociales, etc. Teníamos muchos otros maestros. Teníamos dos maestros de rituales y muchos otros que nos enseñaban arte espiritual, como por ejemplo el arte de hacer mandalas. En este caso, aprendíamos cómo se hacen los mandalas, su significado, etc. Nos enseñaban el arte de los bailes sagrados, algunos realizados con máscaras y con distintos ornamentos. Algunos rituales contienen danzas. También nos enseñaban el arte musical, es decir, cómo tocar trompetas largas, tambores... Teníamos que aprender a hacer con ellos una determinada música, unos determinados ritmos.

También aprendíamos a tocar los címbalos, las campanas, etc. Todos debíamos tener conocimientos básicos de estos instrumentos. En el monasterio los monjes más altos tocaban las trompetas más largas; en cambio, aquellos que tenían el cuerpo físico más pequeño, se encargaban de las flautas. Por otro lado, no todos tenían buenas capacidades para cantar bien. Había monjes que no tenían voz. Teníamos maestros de rituales que nos dirigían los aspectos relacionados con la voz y el canto. Los que no tenían demasiada voz se dedicaban a otras facetas de los rituales, por ejemplo a preparar los altares y hacer esculturas de mantequilla, a modo de ofrendas.

El Dalai Lama alguna vez nos instruía. Eso sucedía pocas veces porque, en general, tenía reuniones administrativas, políticas, muchos viajes y visitas. Disponía de poco tiempo para ello, pero a veces nos daba enseñanzas personalmente y también nos ofrecía consejos. Los monjes intentábamos aprender del Dalai Lama. Sobre todo nos daba consejos espirituales. Casi siempre se trataba de los mismos consejos expresados de distintas formas. A su lado comprendíamos que no teníamos que olvidar que somos humanos y que los humanos tenemos un don que los animales no tienen: la potencia humana. Muchos seres que nacen como humanos viven como animales. Hay personas que nacen con un cuerpo y con una mente bastante saludables, pero que no saben conectar con la espiritualidad o con la religión y tal vez su vida se concretará y limitará a cosas mundanas como comer, dormir, disfrutar de placeres y morir. Eso es humano, pero es igual a la vida de cualquier animal. La vida humana es un valor precioso. Podemos despertar nuestro corazón y nuestro interior. Hay personas que no pueden contactar espiritualmente con Dios, con Alá o con Buda. A veces nacen con condiciones ambientales pésimas y física o mentalmente mal. Son personas con un mal karma a quienes se les puede aconsejar para mejorar sus condiciones de la mente y del cuerpo.

El Dalai Lama nos insistía en el valor de la potencia humana. Buda mismo nos enseñó que, ya seamos hombres o mujeres, tenemos la misma potencia humana, los mismos derechos, la misma posibilidad de evolución y de despertar de nuestro espíritu, alma y corazón. En el budismo propugnamos la igualdad entre mujeres y hombres. Para nosotros la energía de las mujeres simboliza la sabiduría y la energía del hombre simboliza la compasión. Para llegar al estado de perfección todos necesitamos la misma fuerza de compasión y de sabiduría. Los pájaros para volar necesitan las dos alas. Con una sola ala no podrían volar. Del mismo modo, nosotros necesitamos el ala de la sabiduría y el ala de la compasión. Nosotros pensamos que si la mujer trabaja el interior llegará a un estado más elevado que el hombre. Si el hombre trabaja más, llegará antes a ese estado. Para llegar al estado de perfección, todo depende del trabajo de uno mismo.

Haber tenido la oportunidad de estar cerca del Dalai Lama no tiene precio, tiene un valor incalculable. Siento que tuve una gran suerte por ello. Debo decir que tal vez he captado un diez por ciento de sus conocimientos y de su sabiduría. El

Dalai Lama nos enseña desde el corazón y desde su sabiduría. Actualmente, sigo intentando captar alguna cosa más de sus enseñanzas para mejorar y poder ayudar a los demás. Pude hablar con él bastantes veces, estando solos. Últimamente, también hablo a menudo con él para consultarle diferentes asuntos, para recibir sus consejos y para acertar la dirección de hacer el bien. Si seguimos la dirección correcta, no tenemos miedo. Aunque en el camino emprendido haya obstáculos, todo irá bien.

En el monasterio, el Dalai Lama también ofrecía enseñanzas públicas y los tibetanos asistían a ellas. Cada semana lo veíamos varias veces durante las ceremonias en las cuales participaban todos los monjes. Los monjes teníamos que memorizar mucho. Teníamos que memorizar muchos, muchos textos para rituales. Aunque desde el primer día fueses aceptado por el abad y entrases en el monasterio, legalmente aún no eras miembro de él. No lo eras hasta que, al cabo de unos tres años –el tiempo de duración del aprendizaje de comprender y memorizar los textos–, habías superado los exámenes. Durante esos tres años teníamos que hacer tres exámenes. Los exámenes eran orales. De esta manera, podían valorar el nivel de inteligencia de cada uno y la capacidad de memorizar. Los monjes teníamos nuestro maestro, que nos enseñaba cómo leer, cómo detenernos en la lectura y los cambios de tono. Memorizábamos, memorizábamos, memorizábamos… Repetíamos cien veces o quinientas veces la misma frase, el mismo fragmento, la misma página. Durante la mañana o la noche, pasábamos horas y horas memorizando. Cerrábamos los ojos e íbamos repitiendo los textos.

Llegaba un momento en que el maestro te decía que te sabías muy bien el texto. Entonces, te ayudaba con la lectura, el estudio y la memorización de un nuevo texto para que lo pudieses transmitir de la manera correcta. Y así sucesivamente, hasta llegar a haber memorizado una hoja, diez hojas, veinte hojas, cincuenta hojas, cien hojas, ciento cincuenta hojas escritas por las dos caras, cosa que quiere decir haber memorizado unas trescientas páginas.

Una vez memorizados los textos de estas trescientas páginas, el maestro iba comprobando que los supiésemos bien y, cuando nos equivocábamos en alguna letra o palabra, ponía una marca de color rojo en ese punto. Si tan solo habían tres o cuatro marcas en trescientas páginas, no superábamos la prueba y hacía falta repetir más veces la memorización de los textos. Cuando ya no cometíamos ningún error, íbamos con nuestro maestro a encontrar al monje número uno del monasterio, que era el monje más experto en rituales, a fin de fijar un día para examinarnos. El monje número uno valoraba qué día era mejor para hacer el examen, fijaba el día y nos examinaba de las trescientas páginas. Durante el examen, teníamos que rezar y cantar. Si superabas esta prueba, venía la tercera fase que era el encuentro con el Dalai Lama. Cada uno tenía que escribir una petición dirigida a Su Santidad el Dalai Lama en la cual constaba el nombre del monje que debía de examinarse, la manifestación de haber memorizado todos los textos, de haber pasado la prueba con el maestro y el examen con el monje número uno de rituales. En esta petición se pedía que el Dalai

Lama aceptase hacernos el último examen. El Dalai Lama fijaba el día y la hora.

El día asignado para realizar el examen con el Dalai Lama era preciso haber realizado una higiene muy cuidada y vestirnos bien. Recuerdo especialmente el día de mi examen con Su Santidad. El Dalai Lama estaba trabajando en la habitación de su palacio y yo llegaba nervioso. Un monje me acompañaba. Me esperé afuera, en un rincón. En la habitación del Dalai Lama también estaba el monje número uno. Me dijeron: «Tienes que empezar por la primera línea de la página primera y, con los ojos cerrados, repetir de memoria las trescientas páginas». Como había rezado los textos tantas veces, aunque tuviese los ojos cerrados, veía las líneas. En ese examen no podíamos fallar ni una palabra ni una letra. Hace falta saberlo exactamente todo porque los monjes rezamos y cantamos todos a la vez. El Dalai Lama iba escuchando, se levantaba, paseaba, se acercada a donde estaba yo... El examen avanzaba e iba pasando hojas y más hojas. Cuando ya quedaban pocas, continué recitando las páginas memorizadas. Finalmente, acabé el examen.

Sabemos que, cuando por fin ya se haya acabado todo, cuando hayamos superado todas las pruebas, el Dalai Lama nos recibirá de manera especial. Ese momento tiene una gran fuerza emotiva. A mí me recibió en el año 1973. Ese día el Dalai Lama me dio un cordón de bendición y veinticinco rupias como regalo, que hoy serían treinta o cuarenta céntimos de euro. Yo estuve muy contento porque me lo daba el Dalai Lama. Me regaló, como a todos los monjes, un bolígrafo, una bolsa de monje y una *khata*. Después, al salir del palacio para ir al monasterio, encontré a todos los monjes, que siempre esperan a los que han superado las pruebas. Me vieron muy alegre, sonriente, saltando, y todos estaban muy contentos. Iban diciendo: «¡Qué suerte! ¡Qué suerte!». Entonces, después de haber hecho este examen, tuve una semana de fiesta para poder visitar a la familia. Y, si al final me quedaba en el convento, no tendría que asistir a las ceremonias y podría pasear, descansar...

Después de haber superado el examen con el Dalai Lama, los monjes aún no hemos acabado las pruebas. Es preciso ir a ver al monje disciplinario, que es el encargado de controlar la disciplina en el monasterio. Tenemos que hacerle saber que hemos superado el examen con nuestro maestro, con el monje encargado de nuestros estudios, con el monje número uno y con el Dalai Lama. Y le decimos que ya podemos hacer el examen en público, delante de todos los monjes. Esta prueba es más fácil. El monje disciplinario fija una fecha para empezarla. Y ese día, cuando todos los monjes estamos desayunando en silencio, el monje que hace la prueba tiene que cantar durante quince o veinte minutos. Cuando hemos terminado de desayunar, se acaba la prueba de cantar y un monje mayor reza. Al mediodía, a la hora de comer, el monje que se examina tiene que continuar cantando. Por la tarde, si se toma el té para merendar, todo el mundo tiene que estar en silencio y el que se examina tiene que continuar con los cantos. Este proceso dura un poco más de un mes. Todo esto parece muy difícil, pero, aun así, yo pensaba que tenía muy buena suerte de poder estar allí.

A partir de haber superado estos exámenes, ya somos miembros del monasterio y formamos parte de la lista oficial de monjes del monasterio de Namgyal. A continuación, para los monjes empieza una segunda fase. Es preciso memorizar más textos, y estudiar más filosofía, doctrina, rituales...

Para ello teníamos profesores que nos enseñaban significados de muchos aspectos de estos temas. Por las mañanas nos daban clases sobre las enseñanzas de nuestra tradición. Y por la tarde lo repasábamos entre todos. En esta segunda fase de memorización, teníamos que memorizar casi cuatrocientas páginas más. Y además no podíamos olvidar los textos aprendidos anteriormente. En esta segunda fase, por lo tanto, teníamos que haber aprendido de memoria setecientas páginas. El examen era oral y duraba unas cuatro horas. Y, en un tercer examen, teníamos que haber aprendido de memoria mil doscientas páginas. Es preciso tener una buena memoria para poder pasar todos los exámenes.

Los monjes que tenían dificultades de estudio y de memorización y no aprobaban los exámenes debían de pasar más años estudiando. Si, al final, no conseguían superar los exámenes, se podían quedar en el monasterio haciendo otras funciones. Había monjes a los cuales, al principio, les iba bien el estudio, pero al cabo de un tiempo les costaba más memorizar los nuevos textos. Para estos casos de dificultad de estudio y de memorización, hay unas técnicas que ayudan, como es el caso de una práctica del «Buda de la sabiduría, el Buda Manjushri». Para esta práctica el profesor pide que, una hora o media hora antes de la clase, el monje que tiene dificultades se presente ante él. Entonces, los dos recitan un mantra del Buda de la sabiduría: «*Om Ara Patsa Nadhi*». Recitar este mantra ayuda a cultivar la memoria. Los monjes que hacían esta práctica podían memorizar cada vez más los textos y, al cabo de unos meses, estaban preparados para examinarse como todos los demás monjes que tenían más facilidad memorística. Este mantra va muy bien para potenciar la memoria de los monjes y también de los niños, niñas y jóvenes con más dificultades de aprendizaje y que olvidan los conocimientos muy fácilmente. El Buda Manjushri lleva la espada que simboliza el hecho de cortar la ignorancia. El oponente de la ignorancia es la sabiduría. Este mantra del Buda de la Sabiduría nos ayuda a vencer la ignorancia, a entender y comprender la realidad de forma más correcta y más fácilmente.

Mi maestro de ritual, Thubten Chophel, que me enseñó cómo memorizar textos, era hijo de un nómada y pudo entrar en un monasterio en el Tíbet. Decía que le costaba tantísimo memorizar que solamente podía retener una línea al día. Cuando vivían en el Tíbet, no iban a clases de inglés ni de hindi, y todo el día estudiaban los textos espirituales, pero a él le costaba muchísimo estudiar. Sin embargo, tenía tanto entusiasmo que sus maestros le mandaban que recitase el mantra del Buda de la Sabiduría durante horas. Con esta práctica, iba consiguiendo retener cada día más líneas hasta que al final pudo memorizarlo todo como los otros monjes y, además, sin olvidar los textos al cabo del tiempo. Fue nuestro profesor y ahora ejerce el cargo de monje número uno del monasterio de Namgyal. Yo también he conocido a monjes, que han sido amigos míos, a quienes les costaba estudiar, y este mantra los ha ayudado mucho.

Nuestro monasterio no era muy grande. No era pequeño, pero no tenía grandes dimensiones. Nos faltaba un poco de espacio. Recuerdo que al principio incluso dormíamos tres o cuatro monjes en una misma habitación. Dormíamos en literas. Al cabo de dos años, dormí en una habitación compartida con otro monje. Cuando acabé todos los exámenes, ya tuve, al igual que todos los monjes que formaban parte de la lista oficial del monasterio, una habitación para mí solo. Nos gustaba estar acompañados y compartir el espacio. Y también apreciábamos la posibilidad de poder disfrutar de un espacio más íntimo.

En el monasterio nuestra alimentación era vegetariana. En principio, no comíamos carne. Sin embargo, en los monasterios, además de los monjes vivían otras gentes. Vivían familiares que venían a visitarnos y se quedaban algunos días. Algunas veces esta gente venía para traernos comida especial. Decían: «Vamos a visitar el monasterio y a ofrecer alguna cosa a los monjes. Tenemos que llevar alimentos especiales a estos monjes que estudian tanto y que se alimentan poco». Consideraban que teníamos una alimentación insuficiente. Había gente que pensaba esto. En algunas ocasiones compraban en el mercado unos cuantos kilos de carne y los traían al monasterio. El monasterio aceptaba estos regalos. Aceptaba la carne de algún animal que ya era muerto y que alguien había comprado en el mercado, sin ninguna maldad, sin ningún mal pensamiento y con una actitud positiva. Esta carne la cocinaban para los monjes. De todas formas, el Dalai Lama nos advirtió de que, si alguien quería ofrecer alguna cosa al monasterio, dijésemos que ofrecieran arroz, quesos, leche, tofu, etc. Actualmente, los monasterios tienen una alimentación totalmente vegetariana. Si me preguntas si todos los monjes son vegetarianos, te diré que no. Si me preguntas si todos los budistas son vegetarianos, también te responderé que no.

Hay diferentes escuelas budistas, como la escuela budista Theravada, la escuela budista Mahayana... Sri Lanka, Birmania y Tailandia son países bastante estrictos en el tema de la alimentación y en el hecho de no comer carne. Ahora bien, en algunos países budistas como Japón, China, Mongolia, Tíbet, Nepal, Bután e India, los budistas Mahayana son vegetarianos y prefieren no comer nunca carne, pero, si alguna vez en alguna casa ofrecen comida con carne, lo aceptan y se lo comen. ¿Por qué lo aceptan y comen carne puntualmente? Lo aceptan porque alguna vez grandes maestros han comido y comen carne. Lo han hecho con actitud de agradecimiento. Y después han rezado por este animal que, desgraciadamente, alguien mató. Todos los monjes rezan juntos para que el alma del animal al que pertenecía el trozo de carne que se han comido tenga un mejor renacimiento. Por eso establecemos una vinculación, una conexión kármica con ese animal. Nos comemos la carne como alimento y medicina potencial para el cuerpo con el propósito de seguir ayudando espiritualmente a los demás. Se trata de un concepto un poco distinto del que se pueda tener en Occidente. La alimentación es algo muy importante para la salud del cuerpo y de la mente. No comer demasiado y ser vegetariano es muy aconsejable. Hay que recomendar ser vegetariano, no obligar. Si no se puede ser vegetariano, por lo menos es importante para la salud no tener la obsesión de comer carne.

El Dalai Lama es vegetariano, pero, si el médico le recomienda alguna vez que coma un poco de carne, por falta de proteínas, algunas veces acepta un poco de carne con la motivación de poder continuar con su labor. Cuando el médico lo aconseja, su cocinero compra un poquito de carne, la cocina y ofrece un poco al Dalai Lama. Él, aunque siempre haga una alimentación vegetariana y prefiera ser vegetariano, lo acepta. El cocinero del Dalai Lama es un gran profesional que sabe seguir muy bien las instrucciones médicas y las recomendaciones dadas por el médico del Dalai Lama para preservar su salud. Para preservarla, el cocinero sabe que ha de cocinar sin grasas, con poca mantequilla, con poco queso. El cocinero habla con el médico y cocina siguiendo todas las prescripciones indicadas por él.

Su Santidad está muy contento de que los monasterios hayan podido seguir su consejo de ser vegetarianos. Fuera del monasterio, en Occidente, si un monje o un lama va a un restaurante invitado por sus amigos o discípulos y en esa comida hay carne para comer, se puede aceptar ese ofrecimiento y comer un poco de carne. Buda dijo que un ofrecimiento así no lo tenemos que rechazar. En la época de Buda, los monjes no tenían nada para comer y, durante las horas de las comidas, pasaban, casa por casa de cualquier pueblo, con el bol, el recipiente que tenían los monjes para poner la comida. Encontraban a las familias comiendo y, cuando estas veían a dos o tres monjes con el bol vacío, todo el mundo quería darles comida. A veces, les ponían un poquito de arroz y un poquito de carne que habían cocinado. Si en una casa tan solo les habían podido dar una muy pequeña cantidad de comida y esta era insuficiente para alimentarse, iban a otra casa en donde les daban algo más. No podían rechazar aquello que les daban, y la carne tampoco. Se lo comían. Buda no prohibió comer carne. No hay ninguna prohibición en este sentido, pero sí que aconsejó no comer carne. Ser vegetariano es mejor. Hay rituales tántricos, prácticas budistas y rituales que, para poder hacerlos, Buda dijo: «Prohibido comer carne en estos rituales».

Buda prohibió matar animales, incluso matar a un mosquito o a una cucaracha. El mosquito es un ser que quiere vivir y no quiere morir. Es preciso respetar la vida. Los budistas sabemos que no hemos de matar animales directamente en ningún caso para querer comer carne. Ni encargar que maten para comprar la carne. En los pueblos eso es difícil porque participas en ello de una manera indirecta: el carnicero ya sabe que comprarás carne y, haciendo la previsión, encarga matar una cabra o un cordero. En cambio, en las ciudades vas a comprar al supermercado y ves un pedazo de carne envasado no muy lejos de un trozo de queso envasado. Los budistas tibetanos pensamos que, en este caso, la implicación en el acto de matar animales es menor: no hay nadie que te conozca y mate pensando en lo que tú quieres y, cuando compras aquel pedazo de carne envasado, no ves la cabeza, ni los ojos ni el cuerpo de la ternera, por ejemplo. Sin embargo, nosotros no queremos comer nunca animales pequeños como conejos, pollos, gambas, langostinos. Yo mismo, por costumbre y cultura, no he querido comer nunca pequeños animales de cuerpo entero como gambas o caracoles. Comer estos animales pequeños quiere decir que ha habido la destrucción de muchos seres. ¿Cuántas gambas se come una persona en una comida? ¿Cuántos caracoles se come una sola persona? Son muchas vidas. Siguiendo el concepto del respeto a la vida, no comemos pequeños animales porque representa destruir muchas vidas. En cambio, si alguien ha matado a una vaca, se ha destruido una vida. El concepto es un poco distinto.

Buda dijo que hay tres tipos de carne que no hay que comer. Eso no quiere decir que hagamos diferencias entre los animales, como hacen los musulmanes o los hinduistas, que no pueden comer carne de cerdo o de vaca, pero pueden matar y comer todos los animales que quieran de las otras especies. El budismo solo marca tres puntos. ¿Qué quiere decir esto? Primer punto: No se ha de comer carne de ningún animal pequeño o grande que tú hayas matado; segundo punto: aunque tú no hayas matado al animal, si has hecho el encargo en la carnicería de que te tengan preparados tres pollos o tres conejos para una gran fiesta, tú serás el responsable de la muerte de esos animales. Es mejor matarlos tú mismo que no dar una orden, porque, dándola, haces cometer el acto a otros; tercer punto: aunque tú no hayas matado ni hayas ordenado la muerte de los animales, puede suceder, por ejemplo, que tu abuela sepa que el próximo domingo es tu aniversario y que ella, con buena intención, piense que te gusta comer esto o aquello, que te gusta, por ejemplo, el conejo. Llega el día y vas a su casa. Saludas, te felicitan... La abuela, pensando en tu aniversario, mató a un conejo. Entonces, directa o indirectamente, aquel animal que ha muerto queda vinculado a ti. En este caso, se aconseja que no comas la carne de ese conejo. En cambio, es diferente si se trata de un animal muerto sin que tú tengas ninguna vinculación con él. Al margen de todo ello, lo importante es el consejo de no comer carne. Estos conceptos, salidos ahora de mi corazón, pertenecen a nuestra cultura. Tal vez sean difíciles de asimilar para las personas de cultura occidental.

He visto documentales que muestran como se matan masivamente animales. ¿Cómo es posible que se haga esto? Los hindúes tienen una fiesta anual en la que matan a muchos animales. Los hindúes de Nepal también lo hacen. Matan ciento ocho búfalos, ciento ocho corderos, ciento ocho cabras, ciento ocho pollos... ¡Qué pena! En su concepto religioso está integrado el matar animales. Yo intento ser defensor de los animales. Por otra parte, los animales me encantan. Desde pequeño, los animales me gustan mucho.

En mi caso, tiempo atrás, también he comido carne algunas veces. Cuando los amigos me invitaban a comer o a cenar y todo el mundo comía la carne que habían cocinado, entonces no lo rechazaba y también comía esa carne. Ahora digo a todo el mundo que soy vegetariano y, si me invitan, avisando previamente que soy vegetariano, no tengo ningún problema en este sentido. Sí que tomo leche y como queso, mantequilla y huevos de gallinas. Me gusta comer los huevos de gallinas criadas en el campo. En Barcelona es difícil encontrarlos. Aquí encontramos huevos de gallinas criadas en granjas, donde todo es muy poco natural, en donde todo es muy artificial. Me encanta la tortilla de patatas. De todas formas, el huevo tiene la potencia de ser gallo o gallina y eso también me hace pensar y valorarlo.

Continuando con los animales, en el monasterio teníamos perros. En el templo vivían algunos que marcaban su territorio para que no se acercaran otros perros. También vivían gatos allí. Recuerdo que todos los perros y gatos del entorno del templo conocían mi habitación. Las puertas estaban abiertas y todos venían en algún momento u otro. En las puertas de entrada al monasterio hay cerrojos y se cierran, pero las puertas de las habitaciones están abiertas, tanto de día como de noche. Por la noche, mientras dormía, muchas veces los perros dormían cerca de mí. A menudo, si no estaba en la habitación, me los encontraba delante de la puerta esperando a que llegase. Abría la puerta, entraban y se tumbaban en un rincón en donde tenía para ellos unas cajas de cartón con unas mantas dobladas adentro. En invierno, como allí hace mucho frío, sacaba un cristal de la ventana de mi habitación para que los gatos pudiesen entrar y salir cuando quisieran. Siempre venían dos o tres gatos. Alguna vez llegaron a venir cuatro o cinco perros. Yo podía tener dos. Los perros lo sabían y los otros se iban a las habitaciones de otros monjes. También ayudábamos a las gatas embarazadas y observábamos cómo daban a luz y recitábamos mantras para que no sufriesen en el momento del parto. Además vigilábamos que los gatos y los perros no se pelearan por la comida. Les poníamos nombres. Tenía un perro lobo muy grande que se llamaba *Sengtruk* (Hijo del León)*,* otro, por el color de su pelaje, se llamaba *Taktruk* (Pequeño Tigre). En los inviernos, tan fríos, algún gato y algún perro subían a dormir a mi cama. Por la mañana, cuando el maestro lo veía, me decía que estaba muy bien cuidar de los animales, pero que, como que no iban muy limpios, era mejor que no durmiesen en mi cama por el peligro de transmisión de alguna enfermedad. A los monjes jóvenes nos gustaba cuidar de los gatos y los perros, jugar con ellos, darles comida. Disfrutaba mucho de la compañía de los animales. En los monasterios, cuando hacemos ceremonias, los gatos entran en los templos. A los monjes nos gustaba que estuviesen allí y los llamábamos bajito para que se acercaran. A veces, una gata se me acercaba y se ponía en mi regazo.

En la India hay muchas serpientes y muchas cucarachas. Aquí, en Occidente, cuando alguien ve cucarachas hace muchos aspavientos y las quiere matar enseguida, pero en la India son un símbolo de abundancia, de riqueza y, en general, la gente no las mata. Incluso no matan ni las cucarachas que hay en los restaurantes o en las cocinas de las casas. En el monasterio también venían cucarachas y nosotros teníamos cuidado de no matarlas. Allí también veíamos serpientes que medían tres y cuatro metros de largo. No venían a las habitaciones, pero los gatos traían algunas pequeñas, aún vivas, y nosotros procurábamos salvarlas. Por una parte, en la India matan a las serpientes y, por otra, dicen que las cobras son dioses. Las serpientes atacan si se asustan, pero, si no están asustadas, no te hacen nada.

Al Dalai Lama le encantan los animales. Tenía un perro. Se llamaba *Sengtruk* (Hijo del León). Era un perro de una raza tibetana, parecido al pequinés. Yo, cuando vivía en el monasterio, lo veía. Cuando se estaba muriendo, con el Dalai Lama le hicimos una ceremonia. Y, cuando se murió, Su Santidad quiso que le hiciéramos una gran ceremonia con todos los monjes cantando muchos mantras. Dijo: «Este perro trabajaba como guardián del palacio; hacía más trabajo que dos guardaespaldas». Encendimos muchas lamparillas.

El Dalai Lama también tenía un gato. Lo había recogido en el bosque un día mientras paseaba y oyó que maullaba. Dijo al guardaespaldas que intentase coger al gato pero parecía que el animal no se podía mover. No parecía herido, pero era como si le hubiesen pegado. No podía caminar y tenía un aspecto enfermizo. El Dalai Lama mandó a los guardias que lo cogieran y que lo llevasen a su habitación. Una vez allí empezó a darle unas píldoras y una comida especial. El gato era de una raza distinta de la de los gatos de allí. Era un felino con mucho pelo, muy grande. Allí era muy raro ver un gato así. No sabemos cómo fue a parar a Dharamsala. Siempre estaba con el Dalai Lama. Cuando enfermó, Su Santidad lo curó. Volvió a enfermar y, para que se curase, el Dalai Lama lo mandó a un veterinario de Delhi. Volvió a Dharamsala, pero más tarde murió. Ahora el Dalai Lama también tiene un gato.

A Su Santidad también le gustan mucho los pájaros. En su palacio hay muchos bosques, jardines, árboles y flores, y allí hay muchos pájaros pequeños, diferentes. Nadie los molesta, nadie les hace daño. El Dalai Lama, los guardaespaldas y los trabajadores les dan de comer. Su Santidad sabe qué tipo de comida les conviene y qué tipo de grano les gusta. Recuerdo que les decía a los trabajadores el tipo de grano que tenían que comprar. Había una especie de orden entre los pájaros pequeños y los grandes. Se situaban en lugares distintos. El problema lo teníamos con los cuervos, que molestaban a los pájaros pequeños. El Dalai Lama dispuso que no dejáramos venir a los cuervos mientras los pájaros pequeños comían. Había un guardián que se ocupaba de ello. Primero, velaba para que los pequeños pudiesen comer y, cuando ya habían comido, dejaba que los cuervos comiesen.

A veces, el gato del Dalai Lama iba a cazar, algo que a Su Santidad no le gustaba. Entonces, para proteger a los pájaros, el Dalai Lama hizo poner una campanita en el cuello del gato. Cuando corría para ir a cazar, los pájaros oían el sonido de la campana que les avisaba y echaban a volar.

Referente a los animales y a nuestra relación con ellos, como última anécdota, explicaré un hecho relacionado con el anterior Dalai Lama, el decimotercero Dalai Lama. En su palacio del Tíbet había muchos animales, muchos ciervos, muchos pájaros. Era conocedor de la ciencia del sonido de los pájaros y de los animales, y así que emitía sonidos los pájaros lo entendían. Y también los ciervos y los perros. Se comunicaban.

Se comunicaban a través de los sonidos y de la energía. Esto es muy interesante.

Mi padre decidió hacerse monje y, tras ordenarse, vivió cerca de nuestro monasterio. Como tenía dos hijos en el monasterio de Namgyal, quiso ofrecer un servicio voluntario a nuestro monasterio. En su trabajo de voluntario iba a buscar leche de vaca o de búfala a otro pueblo indio que estaba a cuatro kilómetros de Dharamsala. Cada día cargaba con grandes botes de quince o veinte litros de leche. Los llevaba en la espalda. Bajaba de Dharamsala con los botes vacíos y después tenía que hacer la subida de cuatro kilómetros con la carga en la espalda. Eso era duro.

Vivía en una casita de una familia nuestra. Yo, a veces, iba a su casa. En un determinado momento, empezó a toser mucho y, de repente, enfermó. No paraba de toser y enfermó de tuberculosis. Le dieron un tratamiento y cada día le ponían inyecciones. Debido al clima, muchos tibetanos enferman de tuberculosis y a causa de otras infecciones. Cada día su estado de salud empeoraba. Cuando estuvo muy mal, vino a nuestro monasterio. Se instaló en la habitación de mi hermano y allí lo cuidábamos. Cuando se estaba muriendo, me cogió la mano. Nos decía: «Sed felices, sed buenos chicos, sed buenos monjes». Se estaba despidiendo de nosotros. Me decía: «Tú eres joven, pero un día también tendrás que morir. No te separes del Dalai Lama».

Mi padre no tenía nada, solo una caja de metal con unas cuantas cosas. Tenía mucha confianza en mí y me dijo: «Abre esta caja de metal». Me sabía mal abrirla y no la abría. Él me ordenó: «Ábrela y llévate la estatua pequeña». Era una estatua muy valiosa para él.

Se murió cogiendo mi mano y diciendo estos pensamientos. Mi padre tenía cincuenta y nueve años y yo veinte o veintiún años.

Después de morir, fui a buscar a mi hermano y fuimos al pueblo para que el astrólogo nos indicara en qué momento podíamos hacer la cremación. Realizamos la cremación porque el cuerpo separado del alma es un cadáver, un cuerpo sin alma. El alma no se va a quemar, el cuerpo sí. Se quema, pues, el cadáver y quedan las cenizas. Después de recogerlas, las lanzamos al río o las llevamos a las altas montañas y hacemos cuarenta y nueve días de ceremonias. Rezamos para que su próxima reencarnación sea mejor, con mucha paz y mucha luz.

Ahora los recuerdos de los años en el monasterio son un punto en la memoria. Eso ya es el pasado. Y es cierto que aquellos años vividos allí, en aquella comunidad espiritual, son los mejores años de mi vida, especialmente por la presencia del Dalai Lama.

Dharamsala

Naturaleza, animales, vida cultural

«Desde el punto de vista de la vida salvaje, el Tíbet en el que crecí era un paraíso. Incluso en Lhasa uno no dejaba de sentirse conectado con la naturaleza. De niño, en mis aposentos en la cima del Potala (el palacio de invierno de los Dalai Lama), dediqué un sinnúmero de horas al estudio del comportamiento de los khyungkars de pico rojo que anidaban en las fisuras de los muros. Detrás del Norbulingka (el palacio de verano), a menudo veía en las marismas parejas de grullas japonesas de cuello negro, pájaros que simbolizan la elegancia y la gracia. Por no hablar de la gloria de la fauna tibetana, compuesta por los osos y los zorros de las montañas, los lobos, el leopardo de las nieves y el lince (terror del campesino nómada), o el panda gigante, originario de la región fronteriza entre el Tíbet y China.»

DALAI LAMA

A Dharamsala también la llaman el «Tíbet de la India» porque tiene una naturaleza parecida a la del Tíbet. Es conocida por la denominación «Little Tibet», el Pequeño Tíbet. Dharamsala es una pequeña aldea, una estación de montaña. Tiene un atractivo mundial porque allí se encuentra la residencia del Dalai Lama. En Dharamsala también está la sede del Gobierno Tibetano en el Exilio y el Parlamento Tibetano.

Allí va gente de todo el mundo para asistir a enseñanzas budistas, a audiencias o a entrevistas de prensa concedidas por Su Santidad. También hay gente que pasa unas semanas en Dharamsala para intercambios culturales entre el Tíbet y la India. Si el Tíbet fuera libre, mucha gente iría al Tíbet, pero, en la actual situación, la gente va a Dharamsala. Esta pequeña aldea está llena de hoteles de tres o cuatro estrellas, y de hostales. Incluso mucha gente puede alojarse en casas familiares durante unos días o en pequeños monasterios si tienen habitaciones libres, pudiendo vivir y participar de sus sesiones de meditaciones y rituales. Para muchas personas, no es fácil seguir el ritmo de las meditaciones de los monjes, porque empiezan a las cinco de la madrugada. Muchos turistas tienen ganas de participar en estas meditaciones, pero a la hora de la verdad se quedan roncando en la cama. De todas formas, si no participan en las ceremonias de la mañana, pueden hacerlo en las de la tarde. Recientemente, el gobierno indio declaró que Dharamsala se va a convertir en un lugar turístico oficialmente reconocido. Hoy en día está llenándose de turistas indios. Hay miles de taxis, miles de turistas indios que van a Dharamsala para escapar del calor de Punjab y de Delhi.

Llegar a Dharamsala no es fácil. De Delhi a Dharamsala hay seiscientos kilómetros. Si estuviésemos en Occidente, podríamos llegar fácilmente allí. Llegaríamos en unas seis horas, pero con las montañas y las carreteras en zigzag, tardamos unas doce o trece horas en coche o autobús. Cuando subimos la montaña muy temprano por la mañana y llegamos a Dharamsala, vemos la nieve y las montañas nevadas. Vemos los pinos. Es un momento muy especial, ya que, al ver las montañas, nuestra mente también sube un poco. Cuando ves un terreno plano, cerrado entre montañas, lleno de edificios y con mucho tránsito por la calle, sin espacios abiertos, esto también afecta a la mente. En esta situación, la mente tampoco tiene espacio. Estar en la alta montaña es muy beneficioso. Por ejemplo, el monasterio de Montserrat está entre rocas, entre montañas, con espacios abiertos. Hay menos contaminación. Te despiertas y ves que estás en un lugar alto, ves los pueblos abajo. Esta visión facilita que la mente esté más despierta. Ya se trate de religiosos ortodoxos, hinduistas, católicos o budistas, para construir un monasterio, si ha habido la posibilidad, siempre se ha escogido el lugar más alto de una montaña. Desde un lugar alto es más fácil tener un sentimiento sagrado de la vida. Y estar en un lugar alto también facilita enviar energía positiva a todo lo que hay en tu entorno, a todos los pueblos y a todo lo que ves desde arriba.

Cuando llegas a Dharamsala, puedes ver los tejados de cada casa llenos de banderas de oraciones, de cinco colores, y en muchas casas también hay banderas del Tíbet. Alrededor del palacio del Dalai Lama, hay un lugar, un templo que se llama Lha Gyari, en donde la mayoría de tibetanos quieren colocar las banderas de oraciones, porque es un lugar conectado con el Dalai Lama, que está cerca de su palacio. Allí se realizan ceremonias religiosas utilizando incienso. Hay fotos de los 152 autoinmolados y desde allí se intenta mandar luz para sus próximas vidas. En este templo se han hecho muchas ceremonias y se han celebrado aniversarios del Dalai Lama. En Dharamsala hay muchos monasterios de monjes, empezando por el de Namgyal, el monasterio personal del Dalai Lama, y también hay monasterios de monjas. Y muchos templos.

En la India hace mucho calor, pero en Dharamsala podemos ver nieve y vemos las montañas nevadas. Hay montañas con bosques y también hay valles. El paisaje es espectacular. Hay muchos rododendros de diferentes colores: rojos, amarillos y blancos. Además, en el palacio del Dalai Lama hay muchos tipos de flores: rosas, margaritas, magnolias, hortensias… En Dharamsala también hay dos plantaciones de té: té de Kangra y te de Palampur.

Las calles de Dharamsala están llenas de animales. Nacen muchos perros en las calles. Los tibetanos siempre les dan comida, cosa que no gusta al gobierno de la India. Cada año ponen veneno a la comida para los animales de la calle. En los aledaños del monasterio, en las calles y en los mercados, hay muchos perros sin amo. Cuando vivía allí, vi cómo morían muchos animales y era horrible. Al cabo de dos horas de haberse tragado el veneno, los camiones se los llevaban muertos. El Dalai Lama al verlo decidió que eso no podía suceder e hizo habilitar un lugar en Dharamsala para resolver este problema. Se hizo un cerco con unos muros. Dentro hay casitas y los perros sin amo, sobre todo las perras, pueden refugiarse en este espacio, vivir allí y comer. Dos personas se encargan de este lugar. Sin embargo, algunos perros tienen amo. Hay algunas casas que tienen perros y viven con más libertad que aquí. Aquí los perros y los gatos que están encerrados en pisos pequeños dan un poco de lástima. Los animales en las grandes ciudades me dan pena porque no pueden correr libremente. En los pueblos y en las casas del campo están mejor.

Desde pequeño, me gustan mucho los perros y los gatos. Y todos los animales en general. En Dharamsala también hay gatos por todas partes. Siempre se acercan a las personas por si les dan un poco de comida. Te siguen y te acompañan en los paseos. En la India me llamaba la atención ver que las vacas eran las dueñas de las carreteras y que dormían en medio de las calles. Ya sabemos que las vacas para los hindúes son animales sagrados. Los coches y los camiones las respetan y ellas no tienen miedo.

En Dharamsala también hay monos, muchos monos. Hay dos tipos de monos diferentes. Unos son los monos blancos, los *langur*, con una cola larga. Son bastante grandes, pero no hacen ningún daño. Por otra parte, los monos de color amarillento son muy atrevidos, muy listos. Parece que lo sepan todo. Recuerdo que conocían las diferentes habitaciones del monasterio, sabían en cuáles había comida y en cuáles no, sabían si las ventanas estaban abiertas o no, sabían abrir las ventanas. Entraban en el templo del monasterio cuando había ofrendas de fruta delante de la estatua de Buda, se llevaban la fruta, salían del templo y se subían a los árboles para comérsela. Seguro que Buda lo habría permitido y no se habría enfadado. Los monjes, a veces, en las habitaciones guardábamos alguna cosa para comer por si, en algún momento, teníamos mucha hambre. A menudo, nos desaparecía lo que habíamos guardado porque los monos amarillos se lo habían llevado. Por los caminos y carreteras también hay muchos monos. El Dalai Lama, cuando va de Dharamsala a Delhi o de Delhi a Dharamsala, siempre intenta que el coche reduzca velocidad o manda que se detenga para ir lanzando comida por las ventanillas del coche. Siempre lleva alguna cosa preparada para darles: granos o maíz. Cuando lo hace, los monos se acercan para comer. Este detalle es muy bonito. Aunque estos monos no se mueran de hambre, es bueno darles alguna cosa de parte nuestra. Se trata de practicar la generosidad. Podemos dar cosas distintas. En este caso, los monos, con la comida, recibirán felicidad. Y nosotros generaremos méritos.

En invierno se pueden encontrar osos en Dharamsala. También, desde las altas montañas, baja algún leopardo de las nieves. Además, se ven muchos buitres y águilas volando en el cielo. Por otra parte, hay animales que trabajan mucho. Hay caballos, burros y mulas para el transporte, para trabajar en el traslado de piedras, cemento y tierra. Recorren kilómetros con mucha carga. Muchas veces les dan latigazos y nosotros, los tibetanos, pedimos que no les peguen. Les decimos que ellos comen gracias a estos burros, gracias a estas mulas y gracias a estos caballos.

Referente a la vida cultural de Dharamsala, lo más importante es la biblioteca de obras tibetanas y los archivos. No solo se pueden leer libros allí, sino que se puede asistir a cursos de filosofía budista, a clases de lengua tibetana, a seminarios sobre la ciencia y la mente. También se imparten clases sobre la manera de pintar *thangkas*, pinturas religiosas que estimulan la mente. Son pinturas sobre seda enrollables que, originariamente, fueron creadas para poder ser transportadas por los monjes, que llevaban una vida nómada. Presentan pasajes de la vida de Buda, imágenes de lamas elevados u otras deidades budistas y muchas muestran la Rueda de la Vida. El actual director es un monje que se llama Geshe Lhakdor. En el mismo edificio de la biblioteca hay un museo excelente donde se pueden contemplar muchos textos manuscritos antiguos y mandalas. También hay cientos de estatuas de uno o dos siglos de antigüedad, procedentes del Tíbet. Casi todas provienen de gentes que las ofrecieron al Dalai Lama, y él, con su generosidad, las ofreció al museo para que la gente pueda conocer nuestro arte espiritual. En Dharamsala hay un instituto, el Institute of Buddhist Dialectical Studies, en donde los monjes y estudiosos extranjeros pueden estudiar filosofía.

Norbulingka es el nombre que tiene en el Tíbet el Palacio de Verano del Dalai Lama. Un arquitecto japonés diseñó el edificio del Instituto Norbulingka de Dharamsala antes de 1980. El principal propósito del Instituto es preservar el arte y la cultura del Tíbet y enseñar la forma de realizar la artesanía tibetana a los jóvenes tibetanos que han escapado del Tíbet y han llegado a la India: la pintura, la escultura, los bordados…. Estos jóvenes, cuando llegan allí, pueden elegir si quieren trabajar la madera o el metal, pintar *thangkas* o trabajar las telas, las sedas o especializarse en realizar brocados… Hay un templo, en medio del recinto del Instituto, donde todas las murallas están pintadas con pasajes de la vida de Buda y con los linajes del Dalai Lama. En el piso de arriba del Instituto Norbulingka se pueden encontrar textos canónicos de las enseñanzas de Buda. Al lado de la puerta principal hay un hostal para dormir y un restaurante para que los visitantes puedan comer. Cuando estás en los jardines del Instituto, puedes sentirte inspirado por la belleza de los jardines de aire japonés, de los pequeños saltos de agua… Dentro del Instituto también hay un museo muy importante, donde se exponen muy detalladamente, a través de muñecas y muñecos hechos de telas distintas, la cultura, los vestidos típicos del Tíbet, las vestimentas de las ceremonias rituales, los vestidos de fiestas, los atuendos de los nómadas, de los artistas de ópera tibetanos, de los oficiantes de ceremonias, tanto de religiosos como de laicos y los vestidos de bailes tradicionales de distintas regiones del Tíbet. Todos los muñecos y los vestidos están hechos por monjes del monasterio Drepung.

Frente al museo, se encuentra Emporium, que es una gran tienda en donde se pueden adquirir vestidos hechos por sastres tibetanos, estatuas de metal, sobre todo del Buda, muebles elaborados por carpinteros tibetanos y pinturas realizadas por pintores tibetanos. El precio es alto debido a la calidad.

En Dharamsala también hay una fábrica de alfombras tibetanas, que tienen una cierta fama porque provienen de una antigua tradición en la forma de elaborarlas. Como en el Tíbet hace frío, las alfombras son un elemento común para protegerse de los rigores del invierno. Hay muchas clases y calidades de alfombras: algunas muy vastas y otras de mejor calidad. Son de lana de oveja. Algunas son más gruesas, otras más delgadas. Siempre tienen dibujos y colores muy animados, con flores y el león de las nieves. También hay con dragones, pero el dragón no es muy típico del Tíbet, más bien es de tradición china y no forma parte de la cultura tibetana. A mí, personalmente, los dragones no me atraen. La mayoría de gente que trabaja en esta fábrica son personas humildes y sencillas. Todos son tibetanos. Trabajan mucho y ganan poco.

El *Tibetan Institute of Performing Arts* es el único instituto oficial donde se puede aprender, profundizar y ensayar bailes y danzas tradicionales del Tíbet, incluso se puede aprender el arte complejo de la ópera. Este instituto depende del Departamento de Cultura. Muchas veces, los artistas viajan por diferentes lugares del mundo invitados para mostrar danzas y cantos tradicionales tibetanos. Si alguien está muy preparado, puede llegar a ser profesor en escuelas y campamentos.

Un organismo importante es el Instituto Médico Tibetano (*Men-Tsee-Khang*). En el año 2016 cumplió cien años de su fundación en el Tíbet. Durante este tiempo, la medicina tibetana ha ayudado a muchos enfermos a nivel físico y mental. Los medicamentos de la medicina tibetana se basan sobre todo en plantas medicinales. Algunos incluso pueden contener diferentes tipos de piedras y metales preciosos. Estos medicamentos se llaman píldoras preciosas y hay ocho de diferentes. Las piedras y metales preciosos que contienen son: oro, plata, lapizlázuli, coral, turquesas, perlas, etc. Es algo muy valioso, y los tibetanos no pueden adquirir o comprar tantos como desearían. Hay un límite mensual que no depende del dinero. Como no se pueden producir en gran cantidad, aunque se tenga mucho dinero, no se pueden comprar. La intención es que, se sea rico o pobre, todo el mundo tenga acceso a la medicina en la misma medida. Eso en teoría es así.

La medicina tibetana no es ni mejor ni peor que las otras del mundo. Muchos pacientes se pueden curar mejor con medicina tibetana o con homeopatía, pero para otros esta es muy lenta y difícil. La medicina occidental cura más rápidamente, y mucha gente prefiere esto. La medicina tibetana se prepara en forma de bolas o en polvo, y puede ser lenta, pero llega a la raíz de la enfermedad para curarla, sin producir efectos secundarios.

En el departamento de astrología del Instituto se calculan las influencias del cosmos y la influencia de los planetas en la salud de las personas. Calculan el calendario anual según los movimientos de los planetas. También calculan la carta astral de las personas que lo piden e indican los días auspiciosos y los no auspiciosos. No voy a entrar en detalles. Me faltan conocimientos y tiempo para hablar de ello.

Otro centro médico muy importante es el *Tibetan Delek Hospital*, que es más un centro hospitalario semejante a los hospitales occidentales, con tecnología y terapéuticas occidentales. En él se llevan a cabo operaciones quirúrgicas de todo tipo. Los médicos son tibetanos. Cuando las intervenciones son muy complejas, dirigen los enfermos a hospitales de Delhi.

Filosofía budista tibetana

«Estamos hechos para buscar la felicidad. Y está claro que los sentimientos de amor, afecto, intimidad y compasión traen consigo la felicidad. Estoy convencido de que todos poseemos la base para ser felices, para acceder a esos estados cálidos y compasivos de la mente que aportan felicidad... De hecho, una de mis convicciones fundamentales es que no solo poseemos el potencial necesario para la compasión, sino que la naturaleza básica o fundamental de los seres humanos es la benevolencia... Así que, por mucha violencia que exista y, a pesar de las penalidades que tengamos que pasar, estoy convencido de que la solución definitiva de nuestros conflictos, tanto internos como externos, consiste en volver a nuestra naturaleza humana básica, que es bondadosa y compasiva.»

DALAI LAMA

Los tibetanos intentamos transformar la mente para llegar a la paz. La solución a la violencia es la paciencia. Ser pacífico y tener paciencia son los oponentes directos de la violencia y de otros aspectos muy negativos. Violencia contra violencia no es ninguna buena solución porque genera más violencia, y generar más violencia es muy negativo. Te pondré un ejemplo. Si alguien tiene un vecino o una vecina muy pesados y problemáticos, que siempre están molestando, que cada día y cada fin de semana hacen mucho ruido, provocan molestias e incomodidades, estos pueden llegar a ser maestros de paciencia. Es fácil enfadarse; sin embargo, enfadándose se aumenta el problema. En cambio, si alguien te molesta, alguna vez no nos podremos controlar y nos pondremos nerviosos, pero algunas veces podremos ser capaces de entrenar la paciencia. Si podemos transformar la mente, veremos a aquel vecino conflictivo que nos está molestando bajo otro prisma. Nos dará pena y nos preguntaremos por qué está molestando, por qué está actuando de esa manera tan negativa. Encontraremos la respuesta y entenderemos que sus engaños mentales, sus emociones negativas y sobre todo su ignorancia lo llevan a actuar de una manera negativa, con celos, envidia, odio y sin que sepa qué está haciendo en realidad, sin pensar en los demás, solo pensando en él mismo.

Es como el caso de las personas que hablan mal de los demás. La persona que actúa así no será feliz, perderá su paz, su tranquilidad y, al mismo tiempo, hará perder la paz, la tranquilidad y la felicidad de los que reciban los efectos de sus acciones. Da pena que la persona que actúa así sea un ser humano. Da pena que viva bajo el dominio de los engaños mentales: su ignorancia, el desconocimiento, el no conocer las cosas tal como son.

Cuando alguien nos hace daño porque actúa de esa forma, es preciso que pensemos que esa persona está muy confusa, que su mente está llena de complicaciones y que, desgraciadamente, está dominada por la ignorancia, por el odio, por la ira, por la envidia, por los celos, por los apegos... ¿De dónde viene la ignorancia y el desconocimiento de la realidad, de esa persona? Viene de la falta de sabiduría. En lugar de generar violencia hacia la persona que nos hace daño, hemos de sentir compasión y quererla. Aunque nos moleste, hemos de perdonarla, porque sabemos que está viviendo bajo el dominio de los engaños y de las emociones negativas. Vale la pena que intentemos saludarla y tratarla desde la compasión. Tal vez al principio nos hará mala cara, pero otro día lo podemos volver a intentar, le podremos sonreír y le podremos preguntar cómo está. Quizá, con nuestra amabilidad, poco a poco su actitud se vaya transformando. A lo mejor, durante diez veces, no nos responderá bien, pero a la onceava vez quizá notaremos un cambio. No hemos de esperar que los demás nos busquen soluciones o que comiencen a cambiar. Es uno mismo quien lo ha de hacer.

Hay muchos niveles de injusticias, de violencia o de agresividad. Hay situaciones muy graves que, alguna vez, nos tocará sufrir. Si alguien te tiene envidia profesional y comete una injusticia contra ti, lo tienes que perdonar y no desearle mal. Has de desearle que haga el trabajo bien y que tenga éxito. Hemos de enviar esos tipos de pensamientos, esos tipos de energía. Aunque una persona quiera ganar dinero o un premio, tiene que saber que no todo el mundo puede ganar y evitar tener celos de quienes hayan tenido más éxito. Si la persona ha generado méritos y tiene un buen karma, ganará. Si no ha generado méritos, si no tiene un buen karma, no ganará.

Ahora recuerdo un hecho que pasó ayer mismo. Fui a una biblioteca de Barcelona, la del barrio de la Sagrera, a dar una conferencia sobre karma y conflicto emocional. Cada año voy a esta biblioteca para hablar sobre algún tema. La sala estaba llena de gente, desbordada, no cabían más sillas y mucha gente estaba de pie. Hablé del karma, de qué es el karma, de cómo funciona el karma. Cada uno crea su karma. ¿Este karma es permanente? No, todos los karmas siguen la ley de la impermanencia. No duran para siempre. Hay soluciones para los karmas negativos que conllevan sufrimiento. Los karmas positivos traen felicidad y paz. Aunque todo el mundo busca salud, paz y felicidad, la mayoría o muchas personas enferman y fracasan porque no tienen suficiente karma positivo. En estos casos, las personas tienen mala salud, no tienen éxito y fracasan en sus trabajos, una y otra vez. ¿Quién ha creado estos karmas negativos? No los ha creado ni Buda, ni Dios, ni Alá. Cada persona va creando su propio karma, siguiendo la ley de causa-efecto. Cada persona va plantando las semillas, que darán fruto. Si plantas cebollas, nacerán cebollas; si plantas patatas, nacerán patatas. Si piensas mal de los demás, si hablas mal de los demás, si haces el mal, no puedes esperar tener paz y felicidad. Es muy difícil que, actuando así, puedas sentir paz y felicidad. Si has plantado odio, celos, orgullo y apego, aunque busques felicidad, no la encontrarás. Encontrarás sufrimiento y complicaciones. Si uno hace el bien, piensa bien de los demás, habla bien de los demás, traerá paz y felicidad a su vida.

Un exponente social de esta conducta la encontramos en algunos políticos. Aunque hayan hecho cosas buenas para la sociedad, su ignorancia, sus deseos, el apego o la obsesión los llevan a actuar de forma corrupta en algún momento. Más pronto o más tarde, recibirán los efectos de su karma, de sus acciones corruptas. Pagarán sus acciones con la vergüenza, el miedo y el pánico que tendrán que vivir. Si no hubiesen hecho ninguna acción corrupta, no tendrían que vivir todo esto. No mencionaré ningún nombre para no añadir más sufrimiento.

Ni Dios ni Buda arreglarán nuestra vida. Si solamente nos limitamos a rezar a Buda o a Dios, no arreglaremos nuestra situación ni haremos que sea mejor. Cada uno ha de trabajar para hacer las cosas el máximo de correctas. Hacerlo cien por cien correcto es difícil porque somos humanos y no tenemos suficiente sabiduría ni fuerza para hacerlo todo cien por cien bien. Sin embargo, tenemos que intentar hacerlo todo lo bien que podamos. Hemos de actuar dignamente, correctamente, lealmente, y todo nos irá mejor. Aunque, actuando así, tal vez ganemos menos dinero, ganaremos más felicidad. No sufriremos tanto y, en lugar de concentrarnos y de dar vueltas a los problemas, les buscaremos soluciones adecuadas. Como en el sencillo caso de tener dolor de cabeza, tal vez decidiremos tomar una aspirina, abrir la ventana para que entre aire o ir al parque a pasear, en los problemas más difíciles también sabremos ir encontrando soluciones convenientes.

Mucha gente piensa que el karma es algo que tiene que ver con el budismo y nada que ver con el catolicismo. Eso no es así. El karma es una ley universal. Cualquier persona que haga el bien recibirá los resultados y los frutos en este sentido. En cambio, cualquier persona que haga el mal tarde o temprano recibirá los resultados de sus acciones negativas. Hay personas que esto no lo entienden. He oído a alguien que dice: «Aquella persona es muy buena, pero sufre mucho» o «¿Por qué esta persona tan negativa tiene mucho éxito y consigue fama y poder?». La ley de la impermanencia siempre se impone. La persona que actúa haciendo el bien, creando karma positivo para recibir felicidad y buenos frutos en el futuro, ahora está sufriendo porque este sufrimiento es resultado de hechos pasados, y ahora lo está pagando como si fuese una deuda. Es como si alguien tuviese una deuda en el banco, contraída, por ejemplo, hace diez años. Ahora estará pagando esa deuda de diez años atrás.

Cada uno tiene su karma. Nadie puede crear karma por ti. El karma de uno no se puede transferir a otro. Tú eres el creador de tu karma, tú eres quien experimentará tu karma. Algunas malas personas, aunque estén creando karma negativo para el futuro, tienen éxito en el momento presente porque no han estado siempre haciendo acciones negativas y tienen también acciones positivas de las cuales reciben los efectos de este karma del pasado. Más adelante, experimentarán sufrimiento.

Hemos tenido muchas vidas pasadas y, después de la muerte, tendremos vidas futuras, volveremos a nacer. La vida actual no es la única vida. Es preciso respetar el karma. Si quieres sufrir más, haz el mal, y es seguro que sufrirás. No hay duda de ello. Si no quieres sufrir en el futuro, si quieres experimentar felicidad, paz y éxito, haz el bien ahora, piensa bien ahora, habla bien de los otros ahora. Tal vez no recibirás los efectos inmediatamente, tal vez los recibirás al cabo de un tiempo o tal vez al final de la vida serás más feliz. Hay karmas que generan unos efectos inmediatamente y hay karmas que los generan con más distancia en el tiempo. También puede suceder que se manifiesten en otra vida. El karma no desaparece, el karma no puede ser destruido, ninguna bomba lo destruirá. Una vez que tú hayas hecho las acciones, tarde o temprano, tendrás que experimentar sus resultados. Ni Dios ni Buda nos eliminarán este sufrimiento. El camino lo tenemos que hacer los seres humanos.

Es necesario tener claro que es más difícil llegar a hacer acciones buenas que hacer daño a los demás. Las cosas buenas, constructivas, a veces cuestan de hacer, de conseguir. Es más difícil construir que destruir. Las acciones negativas son muy fáciles de hacer. Estamos muy acostumbrados a las acciones negativas. Para construir un edificio o un palacio, tardaremos años y años. Para destruirlos, tal vez tardaremos unos minutos si usamos una bomba. Parecido a eso, para construir una amistad con alguien podemos tardar meses o años y, en cambio, para romper esa amistad, tal vez solo con una palabra «tonta» o fea se puede destruir.

Para transformar la mente, hemos de aceptar la realidad que tenemos. Saber aceptar es un don. Saber aceptar las cosas tal como son es un punto muy importante. Hay gente que no quiere aceptar nada, que solo rechaza la realidad. Esta actitud no conviene, no es beneficiosa para la persona que la adopta. Si alguien te causa una molestia real como puede ser hacer ruido al amanecer y no dejarte dormir, procura tener pensamientos compasivos como, por ejemplo, que tiempo atrás no lo hacía y que ahora lo debe hacer porque está mal, porque está enferma física o mentalmente. Esta actitud tuya, aunque la molestia del ruido exista, en realidad te ayudará a ti.

Hay enfermedades que vienen de los engaños mentales y de las emociones negativas. Si una persona tiene mucha tensión, se aísla y se cierra, se vuelve más agresiva, tiene más envidia y celos. Todo eso son enfermedades mentales y, a causa de eso, se produce el karma negativo. Si en lugar de enfadarte puedes decir: «Qué pena!», eso te ayudará a pasar estos malos momentos ocasionados, por ejemplo, por las molestias de la persona que te dificulta dormir. Después de aceptarlo, es preciso procurar resolver la situación. Se puede intentar dialogar con esa persona. Vale la pena hacerlo con el propósito de no enfadarse aunque la persona se muestre agresiva. Es bueno intentar saludarla e incluso procurar ayudarla si lo necesita, a fin de que el resto de su vida sea más pacífica, más digna y tenga más calma. De esta manera, puedes eliminar tu rechazo. Y es posible que, al final, esta persona cambie.

Hay casos complicados como podría ser el de tener a alguien en casa que, por enfermedad, sea agresivo con las palabras. En este caso, tal vez la persona no podrá cambiar y solamente la podrás ayudar aceptándola, teniendo paciencia y sintiendo compasión. Es necesario aceptar a esa persona que está confusa, que tiene dolor, que sufre y que no puede disfrutar de las cosas. Después es preciso sentir compasión. No podrás cambiar toda la situación, pero tal vez podrás influir en ella de alguna manera. Acaso la podrás guiar. Por tu parte, desde tu corazón, interiormente puedes pensar y sentir que te gustaría que aquella persona sufriera menos, que te gustaría poder ayudarla. Interiormente, es preciso tener este tipo de motivación, de intención. Con la intención de ayudar, de reducir el sufrimiento de la otra persona, entonces la puedes intentar animar. Es bueno que reciba palabras y expresiones de ánimo. No se trata de decirle que se anime, se trata de decirle aquello que tú observes de positivo en ella, por ejemplo: «¡Qué bien! Hoy te veo mejor, haces más buena cara que ayer». Psicológicamente, con este tipo de expresiones positivas, la persona puede mejorar. Si tú la ves mejor y se lo dices, ella se verá mejor. Los buenos consejos y las palabras amables curan. Si no puedes evitar, eliminar o transformar su sufrimiento, podrás ayudarla a cambiar, a mejorar, dándole consejos. A través de tu actitud, de tu aceptación, la otra persona puede cambiar un poco y tener menos sufrimiento. El sufrimiento creado por ella, lo tendrá que experimentar por la ley del karma. De todas formas, gracias al arrepentimiento, gracias a la limpieza, a la purificación que se hace desde el corazón, este karma negativo, que es seguro que se producirá, se puede cambiar, se puede eliminar, y la persona entonces no tendrá que experimentar el sufrimiento.

Una cosa parecida se explica a través de la religión católica. Me refiero a la confesión, al arrepentimiento… Nosotros respetamos mucho la religión católica. Recuerdo que, cuando llegué a Barcelona, fui a la catedral y vi una especie de pequeña casita en un rincón. Pregunté qué era eso. Me dijeron que se utilizaba cuando la gente se iba a confesar. No entendía que querían decir. Me explicaron que el sacerdote entraba en el confesionario y que tú, desde afuera, le comentabas las cosas que habías hecho y que no considerabas buenas. El cura te escuchaba y, después de haberte confesado, te daba la absolución. Este método puede ayudar a las personas que crean en él. En el budismo también hablamos de la purificación, pero no tenemos un ritual para ello. Creemos que pensar en Buda –tal como podría ser pensar en Dios o en los santos– es el principal

instrumento de purificación. Si piensas o dices que, delante de
ellos, te arrepientes de lo que has hecho y lo sientes profundamente, esto te purifica. También hay otro punto. Es preciso
hacer un compromiso. Se trata de comprometerse a no volver
a hacer aquel acto del cual te arrepientes, como, por ejemplo,
robar, hablar mal de alguien, matar un animal haciéndolo sufrir. Comprometerse, por ejemplo, a no matar nunca más un
conejo o un toro. Esto comporta un proceso interior. En este
proceso de purificación, tiene que haber arrepentimiento y, a
la vez, compromiso firme. El lugar no es tan importante. Lo
puedes hacer en casa, en tu habitación, en un templo, en un
monasterio, en la playa, en la montaña. Lo más importante es
el sentimiento. Puedes rezar alguna oración o algún mantra
de purificación. Entonces, aunque hayas hecho alguna cosa
mal, no has de sufrir más. Si no has hecho ninguna purificación, entonces lo tendrás que pagar de alguna manera. Tarde
o temprano lo tendrás que pagar. Si no quieres experimentar
este sufrimiento que en algún momento te vendrá, haz desde el
corazón –no como un ritual– prácticas espirituales, oraciones,
purificaciones. Hacerlo así purifica. Si solo sigues un ritual,
sin sentir nada, solo repitiendo las palabras de una oración o
repitiendo de manera automática un mantra, la acción no tendrá ningún efecto. La posibilidad de purificarse existe, pero es
necesario sentir el arrepentimiento desde el corazón y no solo
decir palabras como parte de una ceremonia.

Los médicos, las enfermeras, las personas que están en contacto con ancianos y enfermos pueden ayudarles. En el Tíbet,

por ejemplo, ser médico o dedicarse a la enfermería no quiere decir fijarse el objetivo de obtener fama y dinero a través de la medicina. Quiere decir asumir un compromiso, quiere decir comprometerse a intentar, desde el corazón, con afecto y con compasión, ayudar el máximo posible a los pacientes que vengan a la consulta para curarse y para eliminar o aliviar su dolor y sufrimiento. Cuanto más enferma esté la persona y cuanto más pobre sea, más cuidado atento y compasivo ha de recibir. El amor y la compasión siempre y en todo caso son muy importantes para ayudar a los enfermos, a los pobres, a las personas mayores.

La actitud de ayudar a los demás y de amar a todos los seres es esencial. Es bueno que, por la mañana, pensemos en la importancia de mantener esta actitud. Es bueno mantenerla cuando vamos por la calle y, por ejemplo, vemos un pequeño accidente, o cuando vamos al hospital y vemos a personas que sufren. La mayoría de gente solamente dice: «¡Qué pena! ¡Ay, pobre!». En esos momentos desde el corazón, desde el corazón calentado por el afecto, podemos desear auténticamente una rápida curación para aquella persona, o que no le pase nada grave o que tenga menos dolor. En el budismo es muy importante la compasión entendida no en el sentido de queja o de sentir lástima. En el budismo la compasión se comprende en el sentido de hacer lo posible para eliminar el sufrimiento de los demás. Esta es la esencia del budismo. El Dalai Lama es la emanación del Buda de la compasión. Por este motivo nos inspira, nos transmite la paz y la compasión.

Trabajar al lado de una persona que siempre sienta envidia, celos y afán de competición es muy difícil. Si tú tienes suerte en algún tema, la otra persona estará celosa y te tendrá envidia. Esta persona, que querrá ser más importante que los demás, que se creerá superior a los demás, que tendrá mucho orgullo y que creará malestar constantemente, hará daño a los otros. En este caso, las personas que estén al lado de alguien movido por estos malos sentimientos tendrán, por una parte, que tener paciencia y, por otra, tendrán que ejercer la aceptación. Y también la compasión. Tendrán que trabajar estos aspectos, que no tienen nada que ver con la resignación. Para conseguir protegerse interiormente, hará falta trabajar estos ingredientes. Es como quien quiere hacer té. Si tiene té pero no tiene agua, ni tiene fuego, ni tiene leche, ni tiene cardamomo, ni tiene las otras especies, ni tiene azúcar, no podrá obtener el té deseado, que en este caso sería el *chai* de la India. El conjunto de todos estos ingredientes hacen el té. De la misma forma, para conducir bien una situación difícil, será preciso aunar una buena motivación, una buena actitud, un buen corazón, compasión, amor, paciencia y aceptación. Con todos estos elementos juntos, poco a poco, aunque la otra persona no cambie, tú te sentirás, interiormente, menos afectado.

Las personas sin miedo, abiertas, compasivas y espirituales viven más tranquilas, con más paz. Pienso en un ejemplo concreto, por ejemplo, en una habitación de un hospital donde hay dos o tres personas con la misma enfermedad. Uno, si es abierto, religioso, espiritual, podrá aceptar su situación con más facilidad, podrá, aunque viva unos momentos difíciles, sonreír y se curará más pronto. Otra persona, más cerrada y huraña, que no cree en Dios, ni en Alá ni en Buda y que no es espiritual, probablemente estará más días en el hospital, su sufrimiento durará más y se curará más lentamente. La fuerza espiritual, la fuerza de la actitud siempre son buenas para nosotros mismos. Y también para ayudar a los demás. Cuando uno mismo experimenta el sufrimiento, es bueno que, aparte de hacer cosas para mejorar, acepte aquello que está pasando. De esta manera, te curas más rápidamente y tienes menos sufrimiento interior. Para poder hacer esto, es necesario transformar la mente.

Poco a poco, después de ayudarte a ti, tal vez podrás ayudar a aquellas personas conflictivas que hay en tu entorno. Por ejemplo, si en el trabajo tienes un jefe que te hace sufrir, que no es suficientemente justo, puedes intentar cambiar la situación y, mientras lo haces, si piensas que gracias a esa empresa tienes trabajo, que ese jefe te aceptó como trabajador y que no siempre te ha tratado injustamente, no sufrirás tanto y generarás más buenas situaciones. Te puede ayudar pensar que, si no te hubiese aceptado, tal vez no tendrías trabajo o que, en lugar de trabajar en un despacho, a lo mejor tendrías que hacer un trabajo más duro, quizás tendrías que trabajar de albañil o de carnicero. Aunque ahora no se comporte bien contigo, quizás en otros momentos ha sido amable o ha hecho alguna cosa buena por ti. Vale la pena pensar esto y desear que esta situación negativa no dure. Es difícil ver la realidad bajo este prisma, pero, dando gracias interiormente, se genera una energía mejor. Pensar así es como poner un tapón en un orificio para protegerlo y para evitar que entre basura y materia podrida. Te proteges y evitas que entren dentro de ti pensamientos negativos que te perjudicarían. Percibes las cosas negativas, las ves, las notas, pero no dejas que entren dentro de ti y que te afecten. Es preciso intentar poner el tapón siempre.

He tenido la suerte de haber podido recibir estas enseñanzas directamente del Dalai Lama. De Su Santidad podríamos escribir doce o trece libros y no tendríamos suficiente espacio para exponer la profundidad de sus conocimientos y sabiduría.

Hay personas que, cuando son viejas, sufren, se deprimen y piensan que pronto se morirán. No quieren saber ser viejas. Eso sucede por el miedo a la muerte. Tienen miedo de morirse. Si la persona tiene miedo, se ha de preparar para no morir con espanto, con angustia y con pánico. Por otra parte, en Occidente hay un sufrimiento común: la soledad. Mucha gente tiene dinero, posesiones materiales, ayudas del gobierno en caso de necesidad, pero todo el mundo quiere tener más cosas, comprar más, acumular más bienes materiales. La mente no se detiene nunca: «Este tiene esto, yo también lo quiero; me gustaría ganar más, me gustaría comprar más...». La mente no se detiene: «Quiero tener, quiero tener, quiero tener...». Si de repente te vuelves rico porque te ha tocado la lotería o te han concedido algún premio, esta riqueza no te durará para siempre. Al cabo de unos cuantos meses, tal vez dejarás de ser rico. Pensando en un caso extremo, esta riqueza te la pueden robar. Esto nos habla de la impermanencia. Se piensa mucho en la acumulación material y no se piensa en la muerte. Muchas personas no piensan que no tendrán vida para gastar tanto dinero. Cuando nos llegue la hora de la muerte, no nos podremos llevar ni un solo euro. Los tendremos que dejar todos a los hijos, a los nietos, a los sobrinos, a los primos, a los amigos… Es una gran catástrofe humana que las personas no piensen en la muerte. Cuando llega el momento de pensar en ello, se piensa en la muerte con espanto.

Por otro lado, en las vidas de las personas, hay muchas enfermedades. Las enfermedades no nos vienen por casualidad. Evidentemente, no son castigos de Dios. Si fuese así, Dios no tendría ecuanimidad. Dios ama a todo el mundo. Buda ama a todo el mundo. ¿Por qué alguien tienen mucha salud? ¿Por qué alguien tiene mucho éxito? ¿Por qué alguien tiene poca salud? ¿Por qué unos son pobres y otros ricos? Eso sucede así a causa del karma, la ley de causa y efecto. Las condiciones de la vida actual no dependen de Dios, ni de Alá ni de Buda. Ni del presidente del país. Dependen de cada uno, de qué hemos hecho antes y de qué semillas hemos plantado. Si he plantado una semilla de una planta picante, tendré una planta picante, si he plantado una semilla de una naranja, tendré un naranjo, si plantamos una semilla de patata, crecerán patatas. Con nuestra vida pasa algo parecido. Con las causas que provocamos, tendremos los efectos correspondientes. No podemos culpar a nadie de nuestras circunstancias. Son nuestras propias acciones del pasado las que determinan nuestro estado actual. Se trata de las acciones del cuerpo, de los pensamientos –que también son acciones–, de las palabras –que también son acciones–. Estas acciones crean karma positivo o karma negativo, que equivale a acción positiva o acción negativa. Si has hecho el bien, no tendrás preocupaciones y no tendrás miedo. Si has hecho el mal, constantemente dudarás y darás vueltas al mal que has hecho. Tendrás miedo. Y tarde o temprano sufrirás las consecuencias de haber hecho el mal. Tal vez las sufrirás al cabo de un día, de una semana, de un año o al cabo de veinte años. Un ejemplo de ello son los crímenes cometidos durante las dictaduras franquista, comunista, maoísta, durante las dictaduras latinoamericanas, durante el nazismo, para los cuales se ha intentado o se intenta hacer justicia. Refiriéndonos, por ejemplo, a la dictadura franquista, sus delitos se cometieron hace años, pero tal vez ahora pueda ser el momento de hacer justicia. Hay hechos que no se pueden negar y habrá que aceptar sus consecuencias. Por eso, hay el karma positivo y el karma negativo.

El karma positivo siempre trae felicidad y paz. En cambio, el karma negativo trae sufrimiento, dolor, miedo. Por lo tanto, el karma no es un concepto para los budistas, es una realidad, una ley natural. Si haces el bien, tendrás paz, ya creas en Buda, en Alá o en Dios. Si haces el mal, aunque reces a Alá muchas veces al día, aunque los domingos vayas a misa y reces a Dios, aunque estés en un templo budista meditando durante horas, tarde o temprano, te llegará el sufrimiento y tendrás que sufrir a causa de tus acciones. Dios o Alá no pueden anular las consecuencias de tus malas acciones.

Hay tanto sufrimiento en el mundo. La vida no es sufrimiento, pero, durante la vida, las personas experimentan el sufrimiento. La vida humana, la vida animal, la vida de los insectos, por poner unos ejemplos, tienen muchas complicaciones. En el caso de los budistas, el budismo nos enseña el valor precioso de la vida humana, el precioso renacimiento en una vida humana. Tiene mucho valor renacer en una vida humana, tiene mucha potencia. Tenemos una gran potencia en nuestro interior para poder evolucionar, para mejorar nuestra mente, para comunicar nuestro interior con Dios, con la realidad más elevada. Por otra parte, en la vida humana hay mucha ignorancia, muchas incomodidades y mucho sufrimiento. Las personas sufrimos desde el momento del nacimiento. De hecho, sufrimos antes de nacer. Durante los nueve meses que estamos dentro del cuerpo de nuestra madre, ya experimentamos el sufrimiento. Cuando salimos al mundo, lloramos. En el preciso instante del nacimiento, nos quejamos de la vida. Comenzamos a vivir, comenzamos nuestra vida quejándonos. Sabemos llorar. Tenemos adquirido, de otras vidas, este hábito. Como el hecho de quejarse. Tenemos un poco de hambre y nos quejamos, tenemos un poco de frío y lloramos. Nos quejamos por muy pequeñas cosas.

En el origen de la vida de cada uno hay sufrimiento, pero la vida no es solo sufrimiento. Hay momentos críticos en nuestras vidas, pero hay muchos momentos de placer y de felicidad, hay momentos muy alegres y muchos otros de paz. Sin embargo, estos momentos de felicidad y de paz no duran. No hay nada que dure para siempre. Esto es la impermanencia. Este es el problema. Todo el mundo que, en este momento sea joven, se hará mayor. Los jóvenes, en general, están cansados de ser jóvenes. Enseguida quieren trabajar, ganar dinero y tener un piso para vivir allí con amigos o solos. No quieren vivir con los padres y los abuelos. Cuando tienen dieciséis o diecisiete años, dicen: «El año que viene o dentro de dos años podré ser libre». Se comparan, por ejemplo, con algún hermano que tal vez gana mucho dinero. ¿Esto qué quiere decir? Quiere decir que tenemos un modelo social, quiere decir que nos quejamos, que no estamos contentos con el presente. Estos jóvenes que quieren ser mayores, cuando sean mayores, querrán ser jóvenes. En general, cuando la gente se hace mayor, la mayoría quisiera ser joven. Eso no puede ser, es imposible. Nunca estamos contentos. No estamos contentos con quienes somos ni con lo que tenemos. La vida es impermanencia. En nuestra vida tendremos momentos de éxitos y de salud, pero no será siempre así. Ni los buenos momentos duran para siempre ni los peores momentos duran para siempre. ¿Qué queremos las personas? Queremos más tecnología, más móviles, más televisiones, más coches... Los jóvenes tal vez querrán primero una bicicleta, después motos, cuanto más grandes mejor, después un coche normal y después muchos soñarán con tener un coche de una gran marca. Queremos tener un piso o una casa grandes. Nos pasamos la vida soñando. Queremos cosas externas. Hemos de enseñar que la vida es impermanente. No hay nada que dure para siempre.

Es importante pensar que ahora estamos vivos y que esto es una gran suerte. Y es importante ir dando gracias a Dios por esto. Y dar gracias a nuestra madre y a nuestro padre. No solamente es importante dar gracias a Dios, sino que también es importante dar gracias a nuestros padres. Sin ellos no estaríamos aquí. Ellos nos han dado una vida humana.

Esta misma mañana he visto en un vídeo cómo nace un elefante. He visto las dificultades de nacer de este animal. También, en otras ocasiones, he visto los nacimientos de otros animales. Cuando estaba en el monasterio, veía cómo nacían los perros y los gatos. Las gatas venían a mi habitación y yo veía cómo nacían los gatitos.

No hace falta que las personas seamos budistas, no hace falta que seamos católicas. Cuando nacemos, lo hacemos sin ninguna religión. Nacemos, eso sí, dentro de una tradición, dentro de una cultura. Si nuestros abuelos son católicos, si nuestros padres son católicos, es normal que nosotros seamos católicos. Sucede lo mismo si nacemos en una sociedad islámica. En mi caso, como mis bisabuelos, mis abuelos y mis padres eran budistas, es lógico que yo sea budista. Ahora, por ejemplo, en Cataluña hay muchas adopciones de niñas y niños nepalíes, chinos, etc. Un niño que haya nacido en China, pero que sea adoptado por una familia catalana, seguramente será católico y no será comunista. Hay muchas personas que se enmarcan dentro de una religión, pero no son espirituales. En cambio, hay mucha gente que no cree en ninguna religión, pero es espiritual. Hay también personas que creen profundamente en una religión y que a la vez son muy espirituales. Lo mejor es que cada uno sea religioso y espiritual. Si eso no es posible, es importante que la persona sea espiritual. Aunque una persona no vaya a misa, ni vaya a ninguna mezquita o a ningún templo budista, puede ser espiritual. Ser buena persona, tener buen corazón, amar a todo el mundo, ayudar y no hacer daño a nadie, eso es ser espiritual. Si ser espiritual no es posible, entonces vale la pena, como mínimo, que la persona intente rezar a Dios, a Alá o a Buda.

Hay una cuarta posibilidad: aquellos humanos que se asemejan a muchos animales. No tienen religión, no saben rezar, no saben ayudar a los demás, solo viven para ellos mismos, engañando a los otros. Si no utilizan correctamente el nacimiento humano, que es precioso, no vale la pena haber nacido como personas. Por un lado, los humanos somos superiores a los animales. Los animales, aunque en muchas cosas nos ayudan, no pueden rezar, no pueden cantar un mantra, no pueden decir un padrenuestro. En cambio, las personas, si lo queremos hacer, lo podemos hacer. Es cierto que hay algunos humanos que son peores que los animales. Los animales protegen su vida y, cuando no necesitan nada, no hacen daño a los demás. Los tigres o los leones, cuando necesitan comida y tienen cerca centenares de búfalos y ciervos, entre ellos se comunican y matan a uno para poder comer. Da pena, pero es natural. Cuando han comido, no matan a ninguno más. Si un león ha comido, aunque se le acerque un ciervo, no lo matará porque ya no tiene hambre y no lo necesita. En este sentido los humanos somos mucho peores que los animales. No solamente queremos aquello que necesitamos, sino que queremos más y más, lo queremos todo para nosotros, queremos guardar aquello que no necesitamos. Por otra parte, pensando en el valor de los animales, tenemos los perros de ayuda, los que ayudan a las personas ciegas. Mucha gente ni puede ni quiere acompañar a las personas ciegas, y este trabajo lo hacen los perros. Las acompañan, las esperan, las ayudan. Hay los perros de ayuda emocional, los perros de rescate en las grandes catástrofes, los perros policía, etc.

Ir hacia la sabiduría y hacia la compasión es esencial. En este sentido, los mantras ayudan mucho. Si se tiene fe, se pueden mover montañas. Aunque no se tenga mucha fe en la fuerza de los mantras, se pueden decir los mantras de una manera más automática, más escéptica. ¿Verdad que, para que una aspirina haga efecto y elimine el dolor, no es preciso tener fe en la aspirina porque en sí misma hay la potencia para eliminar ese dolor? Pues en el caso de los mantras sucede lo mismo. Los mantras tienen en sí mismos su potencia, su fuerza. Si los recitas, esta acción produce sus efectos. Esto viene de los budas, de los seres iluminados. Son aquellas personas que han llegado al nirvana, a la omnisciencia. Los mantras son palabra de Buda. Cada palabra de los mantras tiene su significado, tiene su fuerza. Hay mantras para diferentes aspectos: para la sabiduría, para la compasión, para eliminar obstáculos, para cuando se está enfermo, para purificarse cuando se ha actuado mal, para tener prosperidad. En general, los mantras tienen mucha efectividad. Siempre digo que los mantras son gratis. No tenemos que ir a ninguna farmacia a comprar «este medicamento». Solamente hace falta estar solos en un lugar. Hay, tal como hemos dicho, el mantra para potenciar la sabiduría y la memoria. Este mantra para mejorar la memoria, «Om Ara Patsa Nadhi» tiene el final con *dhi*. Este *dhi* hay que repetirlo muchas veces: «*dhi, dhi, dhi, dhi…*» y, mientras lo haces, es preciso mover mucho la punta de la lengua. Esto representa hacer un ejercicio que ayuda a vocalizar y, por lo tanto, a hablar mejor.

Hay un chico catalán que viene a la Casa del Tíbet. Vocaliza muy mal y le cuesta hablar. Un día le dije que quería hacerle un regalo. Le anoté este mantra en un papel y le enseñé a recitarlo. Le regalé un rosario para que le fuera más fácil concentrarse y contar las veces que lo recitaba. Le dije que, haciendo esto, conseguiría hablar con más claridad. Al principio, la familia no veía muy claro que viniese a la Casa del Tíbet y estaban un poco asustados. Se preguntaban: «¿A dónde va nuestro hijo?». Lo vigilaban, pero al final lo dejaron venir. Ahora habla mucho mejor. No hizo falta hacerle ninguna intervención quirúrgica para que pueda vocalizar bien.

Para los niños que tienen mal genio, que se enfadan fácilmente y se muestran agresivos, hay un mantra que los ayuda mucho: es el mantra de Cherenzig, el Buda de la Compasión. Es este mantra: «*Om Mani Peme Hung*». Este mantra puede ayudar mucho a aquella persona que no saluda nunca a nadie, que no sonríe nunca, que se enfada con mucha facilidad, que está siempre muy seria, el mejor regalo que le podemos hacer, la mejor medicina es este mantra: «*Om Mani Peme Hung*». Aunque no entienda demasiado el porqué, le puede ir bien. Si lo dice, se producirá una transformación en ella y, tal vez, una mañana comenzará a decir «buenos días» o un día empezará a sonreír.

Es muy, muy importante ser consciente de que cada uno de nosotros tiene la responsabilidad y la potencia de ser cada día un poco mejor. Si haces el bien, recibirás el regalo de la paz. Si haces el mal, pagarás la factura de haber hecho daño a alguien. Eso es el karma, la ley de causa y efecto. No podemos compartir el karma con los demás. Si tu madre está enferma, tú no puedes decir: cojo tu enfermedad y así tú estarás bien y podrás ir a pasear. Como es obvio, eso no es posible. Si nos referimos al caso de los padres, es muy importante atenderlos. Hemos de ser conscientes de que viven los últimos momentos de su vida. Es básico retornar la bondad con que te trataron y te cuidaron cuando eras pequeño. Y cuidarlos hasta el final. Se puede acompañar a la otra persona, puedes sentir su dolor, ahora bien no puedes compartir su sufrimiento. Como se dice aquí: «Cada uno es cada uno». Es una ley natural, que no proviene de ninguna religión, ni de la católica, ni de la islámica, ni viene del budismo. Se trata de hacer el bien a tu vida, a ti mismo, a fin de que tu vida se complique menos y sufras menos. Aunque ganes menos, aunque tengas menos dinero y menos cosas, tendrás una vida más digna.

Para poder alcanzar el hecho de vivir dignamente y de morir dignamente también es importante comprender la impermanencia. Si hemos vivido veinte, treinta o cincuenta años de nuestra vida, eso nos parece un sueño. Hemos de decir adiós a todo eso. Solo tenemos un puñado de recuerdos. Del futuro no sabemos nada. No sabemos qué nos puede pasar. Y malgastamos el tiempo acumulando ávidamente cosas y más cosas. Casi cada día vemos en la televisión o en la prensa alguna noticia sobre algún muerto en accidente o sobre muertos en las guerras. Los hospitales también nos hablan de muerte. A pesar de tener la muerte por todas partes y de que la muerte siempre nos habla, no pensamos: «Ah, yo también un día tendré que morir». La gente no lo piensa y vive de cara al exterior. Vemos la muerte de los otros y podemos sentir pena, pero no pensamos que un día tendremos que morir nosotros. Es importante desear que quien muere tenga un futuro mejor, menos sufrimiento. Y es importante sentir alegría y dar gracias por estar vivo y por no ser la persona que se acaba de morir. Es preciso ser conscientes de la suerte de estar vivos. No sabemos cuándo nos vamos a morir. Yo no sé cuándo me tocará a mí. Nuestra vida es una realidad y la muerte es una realidad cien por cien segura. El día y el año de nuestra muerte, la manera y el lugar no lo sabemos. Eso es una incerteza. No sabemos si moriremos muy viejos, si moriremos más jóvenes a causa de una enfermedad infecciosa, de un cáncer, en un atentado en el metro o en un supermercado, o caminando pacíficamente por la calle. En cualquier momento la muerte puede llegar. O también nos puede suceder que pasemos mucho tiempo enfermos y entonces queramos morir y no podamos morir. Entonces tendremos que vivir ese sufrimiento. La muerte es un tema sobre el cual es preciso profundizar. Aquí, en la Casa del Tíbet, algunos fines de semana imparto cursos sobre la vida y la muerte. Es necesario tener presente esta certeza de la muerte.

Hasta llegar a morir, tendremos que vivir el proceso de la muerte. En Occidente no se trata mucho este tema del proceso de la muerte. En nuestro caso y en el caso de los países de tradición budista, tenemos las enseñanzas que Buda nos dejó sobre esto hace más de dos mil quinientos años. Buda nos explicó el porqué de la vida, por qué vivimos, para qué vivimos, cómo hemos de vivir y, en el momento en que llega la muerte, cómo hemos de morir. Nos enseñó cómo hemos de morir dignamente.

Tenemos que morir sin angustia, morir sin miedo, hemos de morir sin sufrir, sintiendo paz, la paz de Dios, la paz de Buda. La muerte no es un fracaso, es un momento del proceso de la vida. La larga vida con salud está muy bien, pero ¿por qué quieres vivir más de cien años si no te puedes mover? ¿Para qué queremos una larga vida sin salud?, ¿para sufrir más?

Es preciso conocer el proceso de la muerte. Los médicos y las enfermeras conocen bastante el proceso físico de la muerte. Cuando estamos vivos, los elementos de la tierra, del agua, del fuego y del aire funcionan en nosotros. Cuando una persona está enferma o se está muriendo, entonces estos elementos no están tan activos y van dejando el cuerpo. La persona se debilita. Hay signos internos y externos de la muerte. El elemento tierra absorbe al elemento agua. Este es el primer signo. La persona come menos, pasa más tiempo en la cama, habla menos. Si, cuando está en la cama, empieza a decir: «Por favor, levántame un poco, muéveme un poco, ponme un cojín para quedar más incorporado», eso es porque la persona tiene la impresión de sumergirse, de hundirse. El elemento tierra absorbe el agua. Este es uno de los primeros signos de la muerte. Esto puede durar semanas o meses. El segundo signo relaciona el agua con el fuego. El fuego seca la humedad, el agua. La persona tiene la boca muy seca, no tiene saliva, no tiene lágrimas. Tiene sed y pide agua. Sin embargo, no puede beber, solamente puede tragar una gotitas de agua. El cuerpo se va quedando sin agua. El tercer signo relaciona el fuego con el aire. Aunque la habitación tenga calefacción y una buena temperatura, la persona tendrá frío y pedirá mantas. El fuego está absorbido por el aire. Es como el aire cuando apaga la llama de una vela. La persona tiene cada vez menos calor y cada vez más frío. El cuerpo se está enfriando. El cuarto elemento es el aire. A la persona le va quedando poco aire. El aire hace mover las cosas. Si no hay aire, no se puede mover nada, ni la lengua para beber, ni las piernas para levantarse. El quinto elemento es el espacio, el éter. La persona quiere hablar y no puede mover la lengua. El cuerpo va vaciando su aire y lo va sacando fuera. La persona intenta hablar, pero no la podemos entender. No puede cerrar los ojos con facilidad. Si los cierra, no los puede abrir fácilmente. Llegamos a los últimos momentos del proceso de la muerte de una persona y sentimos su dificultad para respirar. Es mejor dejar que muera sin intervenir demasiado tecnológicamente, es mejor que pueda morir de una manera natural.

En los hospitales no te dejan morir. Te ponen tubos por todas partes. Se puede decir que la persona, en realidad, ya se ha muerto, pero no la dejan acabar de morir. En este caso, la persona sufre. Cuando ves que la persona saca aire con espiraciones cada vez más largas y después cada vez más cortas, ya ha llegado al final. También veremos que no puede mover las manos, ni los ojos. Veremos que no puede mover nada y que el cuerpo está frío. El cuerpo está frío, pero el corazón aún está caliente. Aquí hay la mente sutil, la conciencia sutil o alma. El aire y la mente son como el caballo y el jinete. La mente es el jinete. Donde hay aire, la mente lo acompaña. Si hay aire, la mente está allí. Cuando la persona se muere, no hay aire y la mente o alma se separa y sale del cuerpo.

¿Cómo sale del cuerpo? Puede salir muy rápidamente o puede tardar una o dos horas. Si la zona del corazón está caliente, quiere decir que el alma aún no ha salido del cuerpo. En algunos casos puede tardar más de un día. Una vez que ha salido el alma, es mejor sacar de delante de la cama las fotografías de cuando la persona era joven, de su boda, sus joyas, etc. Esto se hace para ayudarla a que no tenga tanto apego a las cosas de aquí. Cuesta desapegarse. Si la persona ve las fotografías de su pareja, de sus hijos, sus cosas personales, le costará más marchar. Es necesario limpiar más, no dejar delante de ella las cosas que le gustan. Si la persona es religiosa y cristiana, convendría poner una fotografía de Jesús –pero no crucificado, porque se identifica con el sufrimiento–, o de la Virgen de Montserrat o del Papa; y, si es budista, una imagen de Buda o alguna imagen espiritual relacionada con el budismo. Esto los ayudará a marcharse bien. Llorar al lado de las personas que se han muerto no ayuda nada. Es lógico llorar un poco, pero llorar demasiado no los ayuda.

Todos nosotros podemos cuidar nuestro cuerpo, nuestra salud y nuestra alma. Es muy importante tener un cuerpo sano y aún es más importante tener una mente sana. Es muy importante saber cómo vivir más contentos, con más satisfacción, con más aceptación. Si hoy hace sol, tendríamos que estar contentos por ello. Si llueve, también tendríamos que estar contentos y no nos tendríamos que quejar. Siguiendo este último ejemplo, tendríamos que estar contentos por las cosas buenas que nos trae la lluvia: para los agricultores, para los árboles, para las plantas. Si está nublado, tampoco tendríamos que quejarnos. En este caso, por poner un ejemplo simple, podemos pensar que los turistas no sufrirán tanto con el sol, que no tendrán tantas quemaduras en la piel. Vienen con la intención de ir a la playa y ponerse morenos, pero muchos son tan blancos de piel que solo consiguen quemársela y eso les produce sufrimiento. Han hecho un gasto grande, pagando el vuelo del avión y el hotel, y, sin embargo, quemándose la piel, bebiendo mucho y comiendo en exceso, hallarán más sufrimiento que bienestar. Es preciso saber que hay límites. Tal vez algunos volverán a sus países, a Alemania o a Finlandia, habiendo enfermado o con más malestar que goce. Nos equivocamos mucho. Aunque buscamos felicidad y paz, no sabemos buscar en la dirección adecuada y vamos acumulando más sufrimiento.

En la vida de las personas, los dos aspectos más importantes que debemos cultivar son la sabiduría y la compasión. Si una persona no tiene compasión y no siente amor, será egoísta, será agresiva, será orgullosa. Podrá ser rica y tener muchas cosas. Lo tendrá todo materialmente hablando, pero no tendrá amigos, no tendrá buenos compañeros. No sonreirá, no gozará de la vida. Aunque sea rica y famosa, vivirá mal, se sentirá sola y triste. Una persona que tenga compasión, amor y bondad, aunque físicamente sea fea o gorda, recibirá llamadas de amigos, la invitarán a pasear, a tomar algo. Esta persona vivirá una vida mejor. Nos tenemos que preguntar: ¿qué tiene más valor: las cosas materiales y externas o las cualidades del interior, el conocimiento interior que viene del corazón y de la mente?

Siempre aconsejo que no se busque la felicidad en el exterior, que no se busque la belleza física, sino que se busque la belleza interior, la bondad. La belleza interior es más importante. Es el caso, por ejemplo, de la Madre Teresa de Calcuta.

Yo la conocí personalmente. Podríamos decir que físicamente era fea, muy delgada y bajita, llena de arrugas, pero tenía un interior bellísimo. Ayudaba a todo el mundo, a los más enfermos, a los más pobres. Todo el mundo amaba a la Madre Teresa. Tenía un interior lleno de compasión y de bondad. Como Mahatma Gandhi y el Dalai Lama.

La compasión es lo más importante. Y después, la sabiduría. Con conocimientos, con más inteligencia, con más sabiduría, serás más eficaz para gestionar el futuro. Te equivocarás menos, cometerás menos errores. Por otra parte, ser listo no quiere decir ser sabio. Si tienes más sabiduría, tendrás más luz, menos confusión, menos errores. De la misma manera que, si estás en una habitación a oscuras, puedes chocar con una mesa que no ves y, en cambio, si hay luz, la ves y no te harás daño, la sabiduría es comprender las cosas tal como son. Las personas mayores sabemos, por ejemplo, que el fuego es peligroso. Si tocas la llama de una vela o pones la mano en las llamas de una chimenea, te quemarás. Los niños no lo saben y se pueden quemar. Por ejemplo, hay la ignorancia de la mariposa. Las mariposas tan bonitas, sienten una gran atracción por la luz, pero no saben que, acercándose a ella, pueden perder la vida. Por la noche los insectos sienten atracción por la luz. Lo vemos cuando conducimos. Muchas veces pierden la vida al acercarse a los coches. Al chocar con los cristales, mueren. No saben que les va a pasar eso. Eso es la ignorancia. Muchos animales y muchas personas no saben cómo proteger su vida. Sin embargo, en el fondo, todo el mundo busca felicidad y paz. Se busca esa felicidad sin saber qué hacer para hallarla. Muchas veces se busca con ignorancia, engañando a los demás, robando, molestando a los demás, destruyendo, criticando, etc. De esta forma, en lugar de lograr paz y bienestar, se consigue tener más complicaciones, más atracción por los bienes materiales, más sufrimiento. Todo eso ocurre por una falta de conocimiento auténtico.

Cualquier persona, ya sea religiosa o no religiosa, atea, cristiana, musulmana, hinduista o budista, si tiene buen corazón y si tiene sabiduría, tiene, tal como decimos nosotros, las dos alas de los pájaros. Podrá volar. Cuando se llega a la perfección de la compasión y a la perfección de la sabiduría, entonces no se tienen emociones negativas ni engaños mentales, no se hace daño a nadie, se está fuera de las complicaciones. Cuando hay luz y emociones positivas, tu cuerpo y tu alma son puras y no hay sufrimiento. Esto es el paraíso, el nirvana.

Pensando un poco en los consejos que nos da el Dalai Lama, recuerdo que nos dice que, cuando oscurezca, es preciso no angustiarse. Tanto si queremos como si no, al día siguiente el sol saldrá. De la misma forma, es conveniente saber que los problemas vienen y se van. Lo más importante es buscar soluciones. En lugar de desanimarse, es necesario buscar soluciones a los problemas. En nuestro caso, somos budistas, somos tibetanos y tenemos salud, ¿qué más queremos? Si partiésemos de la negatividad, diríamos que tenemos muchos problemas. En mi caso, por ejemplo, no tengo país. Aunque haya nacido en el Tíbet, no puedo volver y vivir en el Tíbet, no puedo vivir en mi tierra, no puedo vivir en mi casa, en Kiyrong, no he tenido a mi madre a partir de los cinco años. No tengo todo eso, la realidad es esta, pero tengo lo más importante: aún tengo una vida, una vida sana, el cuerpo sano y, sobre todo, la mente sana.

Lo más importante es tener la mente sana. Adonde vaya, con quien viva, he de procurar compartir cosas positivas, dar ánimos, inspirar a los demás, intercambiar cosas positivas. Hay que intentar olvidar e intentar limpiar las cosas negativas, no pensar repetidamente en las cosas negativas, no explicar solo cosas negativas, no desanimar a los otros. En este mundo y en la vida hay cosas bonitas, cosas maravillosas, cosas positivas. Aún existen muchas luces. Las noticias en los medios de comunicación van haciendo creer que en el mundo sobre todo hay muertos, guerras catástrofes, y eso desanima a las personas. La realidad también está formada por cosas positivas. Sin embargo, en los periódicos o en la televisión solamente se venden desgracias. No venden paz, felicidad, calma mental, tranquilidad. Aunque todo el mundo busque calma mental, aunque todo el mundo busque felicidad y paz, mucha gente no sabe cómo encontrarlas. No tienen guía, mapa o guión sobre cómo conseguir la paz. A menudo, con las equivocaciones a la hora de actuar, en lugar de encontrar más paz, encuentran más complicaciones, más conflictos. Por eso, la sabiduría es tan importante. Con menos ignorancia y más sabiduría, hay menos equivocaciones, menos conflictos, menos problemas, menos sufrimiento. Además, aunque sea difícil de llevar a la práctica, tendríamos que mantener en la mente el objetivo de ser buenas personas, de buen corazón, sentir compasión y amor hacia todos los seres y tener la motivación de ayudar a todo el mundo, también a los animales, y no hacer daño a nadie, no engañar a nadie. Y poco a poco ir evolucionando hacia la realidad de conseguir todo esto. Todo es impermanente y lo podemos conseguir.

El futuro depende de cada uno. Cada persona ha de armonizarse. Si uno no hace nada, Dios o Buda no arreglarán nuestro problema ni los problemas del mundo. Todos los problemas, conflictos y guerras están hechos por los humanos. Hay humanos egoístas que utilizan el nombre de Dios, de Alá, de Buda y la religión para el propio beneficio. Tenemos que lograr que el islam, el hinduismo, el cristianismo y el budismo puedan convivir, dialogar, compartir. Tenemos que sentir que todos somos hermanos y hemos de vivir con autenticidad, con sonrisas, con mucho humor, con muchos ánimos. Desde estos sentimientos y actitudes podremos encontrar soluciones a los problemas.

Lejos del monasterio

Dar a conocer el Tíbet al mundo

«Pongo mis esperanzas en el valor de los tibetanos, en el amor por la verdad y la justicia, que siguen habitando en el corazón humano. Y mi fe reside en la compasión de Buda.»

DALAI LAMA

Según mi karma positivo acumulado de vidas pasadas, pude entrar en el monasterio de Namgyal, en Dharamsala, en el año 1970, cuando tenía dieciséis años, y allí viví en una atmósfera llena de espiritualidad hasta finales del 1981.

Dentro del monasterio de Namgyal, en Dharamsala, tenemos oficinas. La mayoría de los monjes, de pequeños, en la escuela habíamos aprendido tres lenguas: inglés, hindi y tibetano. Personalmente, reconozco que no soy muy listo, que no soy muy inteligente. También es cierto que no era de los menos inteligentes de la escuela y del monasterio. En estos lugares estaba situado en un punto intermedio, entre los no muy inteligentes y los muy inteligentes. En el monasterio, todo el mundo decía que mi inglés era el mejor de todos los monjes. Yo no lo veía así, pero por este motivo me destinaron a la oficina, como secretario de la sección de inglés. Trabajé allí y tuve que preparar entrevistas importantes para distintos medios de comunicación relevantes, como la BBC y la CNN. Periodistas de estas cadenas venían a entrevistar a Su Santidad el Dalai Lama. Yo los acompañaba al templo y les daba explicaciones sobre el lugar. Hacía lo que podía, pero no me expresaba con suficiente fluidez porque me faltaba haber hecho buenas prácticas orales de inglés. También tenía la labor de responder en inglés importantes escritos del monasterio dirigidos al Dalai Lama. Por todo ello, quería avanzar en este idioma, pero, quedándome en el monasterio, no podía mejorar la parte oral.

En aquellos años, el Lama Zopa y el Lama Yeshe, que eran maestro y discípulo, estaban montando muchos centros budistas en América y en Europa. Venían cada año al monasterio y hablábamos. Me dijeron: «Wangchen, estamos buscando traductores jóvenes que puedan ir a Occidente para trabajar en los centros». Lo encontré interesante. Me comentaron: «Puedes pedir permiso al monasterio. De verdad, nos hacen falta traductores. Hay muchos maestros espirituales, pero no hablan inglés. Sería muy bueno que pudieses venir y hacer de traductor de lengua tibetana al inglés». Como yo, en el fondo, quería progresar en mi nivel de inglés, pensé que esta propuesta era perfecta para mí.

Pensé que, si podía marcharme y estar fuera del monasterio unos cuantos años, hacer de traductor y a la vez hacer prácticas de inglés oral, cuando volviese a Dharamsala, haría un mejor servicio al monasterio. Lo acabé de valorar, los lamas me insistieron y entonces decidí presentarme al comité del monasterio. Expuse que Lama Zopa y Lama Yeshe buscaban traductores y que me habían propuesto que hiciera de traductor en los centros de Occidente. Y dije que me gustaría hacerlo, que me gustaría poder marcharme unos cuantos años para mejorar mi inglés. Al pedir permiso para hacerlo, los monjes del comité del monasterio me dijeron que «no». Me lo negaron rotundamente. Dijeron que era demasiado joven y que era muy difícil hacer vida de monje en Occidente. Tenía unos veinticinco años. Dijeron que en Occidente hay muchas tentaciones, muchas chicas por conocer que van medio desnudas y que en un ambiente así es muy difícil ser monje y más aún siendo tan joven como era yo. Dijeron que ni hablar de ello. Yo quería ir, pero no pudo ser. Me quedé en el monasterio.

El año siguiente los lamas Zopa y Yeshe me lo volvieron a proponer. Un día, paseando por el templo, encontré un monje que era el ayudante personal del Dalai Lama. Nos saludamos y no sé cómo me atreví, pero le pedí si, por favor, podía hablar con Su Santidad y explicarle que tenía intención de ir a Occidente, no para hacer vida de turista, sino porque me lo habían pedido Lama Zopa y Lama Yeshe, con el fin de ser traductor de temas budistas. Le dije que a la vez podría aprender más inglés y practicar la lengua para volver a Dharamsala y hacer mejor mi trabajo en la secretaría de inglés. Le expliqué que el comité del monasterio no me había dado permiso para marcharme, pero que yo seguía queriendo irme, aunque, si Su Santidad creía que no tenía que marcharme, me quedaría en el monasterio. El ayudante personal me dijo que sí, que no había ningún problema para hacer esta pregunta al Dalai Lama y que se lo pediría. Yo estuve una semana esperando la respuesta que tenía que venir del palacio del Dalai Lama.

Un día, todos los monjes estábamos comiendo y, en medio de la comida, un monje empezó a palmear, todo el mundo calló y anunció que Su Santidad acababa de enviar un mensaje diciendo que Wangchen, a partir de ese momento, tenía permiso para marcharse del monasterio cuando quisiera. Este mensaje no hacía referencia al hecho de que quería marcharme para ir a hacer de traductor y todo el mundo se sorprendió. Los monjes me miraban muy sorprendidos y me hacían preguntas. Después todos decían que había sido muy valiente atreviéndome a pedir permiso directamente al Dalai Lama. Lo hice porque interiormente sentía que tenía que ir a Occidente para hacer este trabajo de traductor.

Al cabo de unos días pedí por primera vez una audiencia privada con el Dalai Lama. Anteriormente, había estado cerca de él cuando nos transmitía enseñanzas, pero en aquellas ocasiones siempre había otros monjes y no habíamos hablado nunca de forma privada. Aquella era la primera vez que hablaría con él a solas. El Dalai Lama me recibió y me preguntó cuál era mi motivo para marcharme. También me preguntó qué había pasado el año anterior en el monasterio cuando yo hice la propuesta de irme, cómo lo había pedido y qué me respondieron. Se lo expliqué todo. Y le dije que el Lama Yeshe –cuando murió en 1983 se reencarnó en el Lama Osel de Granada– y el Lama Zopa continuaban pidiéndome que fuera a ayudarles en el trabajo del *Dharma*. Le repetí que me gustaría hacerlo y que querría mejorar mi nivel de inglés para volver al monasterio y continuar mi servicio en la secretaría de inglés. El Dalai Lama me dijo que era una buena idea y que la propuesta estaba muy bien. Comentó que, puesto que iba a un centro budista, mi trabajo continuaría siendo el *Dharma* y el budismo, y que mi misión sería traducir bien los textos y explicar bien todo lo que yo sabía. A su vez, yo tendría que aprender más inglés y aprender cosas positivas y buenas de Occidente. Al final me preguntó cuánto tiempo quería estar fuera. Le respondí que no me lo había planteado, que no lo sabía. Me dijo que un año era muy poco tiempo, que una estancia de tres años sería mejor, que tres años no era mucho ni poco y que estaría bien hacer el permiso para tres años. El Dalai Lama permitió que me marchase hacia

Occidente y me insistió en que aprendiese el máximo posible de los occidentales, que aprendiese bien sus cosas buenas y que, a la vez, enseñase lo que yo sabía. Que lo enseñase sin querer convertir a nadie al budismo. Remarcó que era preciso explicar bien las cosas sin pretender convertir a nadie.

Estuve muy, muy contento. Antes de acabarse la audiencia, el Dalai Lama me dio bendiciones y protecciones. Salí muy contento. Después fui consciente de que no tenía ni pasaporte. Era muy joven y, de entrada, no me había planteado que no podía volar a Occidente sin papeles. El Dalai Lama me dijo: «¿Cómo quieres viajar sin pasaporte?». Los tibetanos no tenemos pasaporte. Tenemos un documento que nos facilita el gobierno de la India y que es un certificado de identidad. Es un librito de color amarillo. Sin embargo, desde que lo solicitas hasta que lo recibes, tarda como mínimo unos seis o nueve meses. Pregunté si había alguna otra opción. Me dijeron que otra posibilidad era conseguir un pasaporte indio o un pasaporte nepalí. Eso era posible, pero era necesario justificar que yo era nepalí. Pensé hacerlo y, entonces, el Dalai Lama me dijo que estaba de acuerdo con ello. No era cierto que yo fuera nepalí, pero diciendo que lo era no hacía daño a nadie y, por otra parte, no tenía ninguna otra posibilidad inmediata para poder salir del país. El Dalai Lama, para hacerlo más correcto, me dijo que, como mínimo, avisase, informase y comunicase esta decisión al ministro de Seguridad tibetano, para que tuviese conocimiento de este hecho. Me dijo que debía de explicar todo el proceso de mi decisión, sobre todo los motivos de querer marcharme rápidamente y la realidad de no tener pasaporte ni otro documento legal. El ministro de Seguridad tibetano era un lama, un *rinpoche*. Hablé con él y me dijo que, debido a que tenía un buen motivo para marcharme, no había ningún problema para que lo llevara a cabo.

Con este permiso del ministro de Seguridad tibetano, bajé a Delhi para hacer los trámites. Me dijeron que, para tener el pasaporte indio, tendría que esperar de seis a nueve meses. Hablé con gente y alguien me comentó que me sería más fácil obtener un pasaporte en Nepal. Tengo familia en Nepal y fui a su casa. Buscamos un nepalí que estaba conectado con las altas esferas del gobierno del Nepal y que tramitaba los pasaportes. Me pidió mil quinientas rupias. Entonces, esta cifra podía parecer muy elevada, pero ahora mil quinientas rupias son quince euros. Hace treinta años que en Nepal, cuando te decían mil quinientas rupias, nos parecía mucho porque no teníamos rupias. Incluso pedí al nepalí que solamente me cobrara mil, pero no lo aceptó. En realidad, me costó muy barato obtener el pasaporte. Se lo pagué y me dijo que al cabo de un mes lo tendría. De todas formas, tuvieron que pasar tres meses para que me lo dieran. Efectivamente, al cabo de tres meses todo estaba arreglado. Tuve que ir a la oficina principal de tramitación de documentos y seguí las instrucciones que me dieron: me tenía que levantar cuando llamasen al señor Sherpa y tenía que firmar el documento sin decir nada. Todo el mundo había recibido el dinero y todos sabían qué pasaba, sabían que yo no era el señor Sherpa, pero que, para poder viajar, debía adoptar este nombre. En el documento constaba mi nombre y apellidos, y la raza. De apellido pusieron Sherpa, que es el nombre dado a las características étnicas de los tibetanos, a los pobladores de las zonas montañosas de los Himalayas. Antiguamente, los sherpas eran de etnia tibetana y, ahora, mayoritariamente son nepalíes. En el documento, por lo tanto, constaba: Wangchen Sherpa. Firmé y tuve el pasaporte nepalí, que era lo que precisaba para irme a Occidente.

Para elegir a dónde quería ir, había que escoger un lugar en el que hubiesen lamas. Dije que quería ir a un lugar de habla inglesa, tal como había comentado al Dalai Lama y a los lamas del monasterio, donde pudiese trabajar, traducir, practicar y mejorar mi inglés: Inglaterra, América o Australia. Dijeron que lo pensáramos bien. Luego me comentaron que en Inglaterra y en Australia no era posible, pero vieron que había una plaza vacante en América, en California. Me pareció perfecto. Comunicaron nuestra decisión al centro de California, pero, desde allí, respondieron que estaban renovando el centro y que tardarían seis meses en tenerlo listo. Tenía que esperar medio año para poder ir allí. No había ninguna otra opción y estuve de acuerdo en aceptarla.

El centro de California dependía del monasterio nepalí de Kopan, un monasterio importante en donde hay muchos niños. Me pidieron si podía ir y, durante aquellos seis meses, enseñarles a cantar, enseñarles la gramática tibetana, nuestra manera de rezar, etc. Me pareció muy bien y aproveché aquel tiempo para enseñar lo que había aprendido. Mientras estaba enseñando en este monasterio en donde tenía que vivir seis meses, llegó un grupo de españoles. Nos tratamos bastante y me dijeron que, por favor, fuera a España, que buscarían urgentemente un traductor para mí. Les dije que no y les expliqué que el motivo de pedir permiso para marcharme del monasterio de Namgyal era el de mejorar mi inglés. Pero ellos repetían: «Ven a España, a España…». Hace treinta años, en la India y en Nepal no se oía hablar de España y no se conocía nada de este país. Alguna vez se había oído el tema de «los toros de España» –símbolo de España–, eso sí. Les respondí que aún no hablaba bien el inglés, no hablaba nada de español y que tenía la misión de ir a América para traducir bien conceptos budistas mal traducidos, mal interpretados y mal enseñados, cosa que es peligrosa. Les respondí que no podía ir a España.

Continué con mi trabajo en el monasterio de Kopan y, al cabo de un mes, llegó otro grupo de españoles. Me volvieron a pedir que, por favor, fuera a España. Me decían que era muy importante que fuera. Por una parte, me costaba decirles que no podía ir. Lo cierto es que reflexioné a fondo sobre esta propuesta. Tenía presente que el Dalai Lama me había dicho que estuviese fuera del monasterio de Namgyal tres años. Valoré la posibilidad de que el centro de California tardase más de lo previsto a estar reformado. Estuve dudando pero pensé que el inglés que sabía no lo olvidaría y que, dentro de la sociedad tibetana, no había ni una sola persona que hablase castellano. Por lo tanto, si lo aprendía, sería el primer tibetano que pudiera hablar el castellano, un idioma nuevo para los tibetanos. Me pareció muy interesante.

Entonces tenía dos opciones. La opción de quedarme en Katmandú y la de ir a España. Fui hablando del tema con los españoles y les pregunté si se trataría de marchar enseguida para España o si tendríamos que esperar un cierto tiempo. Les dije que, si nos íbamos enseguida, podría ir, pero que, si hacía falta esperar, no iría. Me comentaron que podíamos irnos rápidamente porque allí necesitaban la presencia de un lama. Me dijeron, también, que ya había un lama y que sería mi traductor. Nos presentaron. Era el lama Gueshe Lobsang Tsultrim, quien aún vive aquí, en Barcelona. Me pareció muy bien y les dije que querría irme lo antes posible, porque el tiempo pasaba muy deprisa y era importante aprovecharlo.

Decidí no ir a América y poner rumbo a España. No conocía la existencia de Barcelona, ni de Madrid, ni de Ibiza, y no sabía dónde iríamos. La gente que integraba el grupo eran hippies españoles procedentes de la época franquista y postfranquista, que habían estado en la India y en Nepal para buscar marihuana, etcétera. Las personas de este grupo, aunque habían venido a buscar drogas y habían encontrado marihuana casi gratuitamente, a la vez habían realizado un buen trabajo. Conocieron el yoga, la meditación y el budismo como filosofía y «despertaron». Volvieron a Ibiza y formaron un grupo de budistas hippies. Entonces, empezaron a invitar por primera vez a lamas tibetanos. Eso fue en el año 1978. Invitaron a Lama Yeshe y a Lama Zopa. Allí había mucha gente interesada en temas budistas.

Preparé todos los papeles para irme a España. Primero fuimos a Delhi. Antes de partir hacia España, el Lama Gueshe

Lobsang Tsultrim y yo fuimos a Dharamsala para tener una audiencia con el Dalai Lama, explicarle la nueva situación, los motivos del cambio y pedir sus bendiciones. Le expliqué el posible retraso en la reforma del centro de California y la petición del grupo de españoles de que yo fuera para España. Le dije que, al cabo de tres años, volvería a Dharamsala. Me respondió que le parecía muy bien, que era preciso que me comportase muy bien, que iba a un país católico, con una religión muy practicada, que enseñase lo que yo sabía y que aprendiese el máximo posible de las cosas de allí. Recibimos sus bendiciones.

El Lama Gueshe Lobsang Tsultrim y yo viajamos a España en el mismo avión. Él y yo hemos sido los primeros tibetanos residentes en este país. Esto sucedía a finales del 1981. Desde Delhi volamos hacia Barcelona. No sabíamos castellano. Sin embargo, en Katmandú, alguien del grupo me había enseñado a decir cosas básicas: buenos días, gracias, etc. El centro de Ibiza estaba cerrado y había unos centros abiertos en Alicante, en Novelda y en Monóvar, cerca de Elche. Estuvimos unos días en Barcelona y nos acompañaron a visitar muchos lugares de la ciudad. Lo encontramos todo muy bonito, vimos que era una ciudad tranquila, con el mar. Me pareció una ciudad muy interesante y me gustó. Después fuimos a Alicante y nos acompañaron en coche. El viaje fue una experiencia muy curiosa. Pasamos por la costa, por Valencia, y vimos mucho mar. Me pareció hermoso. No había estado nunca cerca del mar. Había ido a Tailandia y, de lejos, había visto el mar, pero ahora era la primera vez que estaba al lado del mar. Me impresionó. Vimos las playas y la gente tomando el sol. Aquel espectáculo nos sorprendió. No lo entendíamos. Ver gente tumbada en las playas era algo muy sorprendente para nosotros. También pasamos por grandes extensiones de naranjales y encontré muy hermosa la imagen de los campos de naranjos con los colores de las naranjas. Recuerdo que había muchas naranjas por el suelo.

Pasamos muchas horas viajando en coche. Se hizo de noche, circulábamos en medio de la oscuridad y, finalmente, llegamos a Novelda y a Monóvar. Nos dijeron que ya estábamos muy cerca del centro y que, al cabo de media hora, ya habríamos llegado. Todo el territorio parecía muy seco. No sabía dónde estábamos y me preguntaba dónde nos llevaban. Al final se acabó la carretera asfaltada y continuamos por caminos pedregosos, llenos de piedras, de rocas y polvo. De repente nos dijeron que ya habíamos llegado.

Vi una pequeña montaña en medio de una gran oscuridad. Todo era seco y me parecía que allí no había ningún centro. Me seguía preguntando a dónde nos habían llevado. No dije nada. No estaba asustado, pero tenía una sensación extraña. Bajamos del coche, había un caminito y un monje, Basili Llorca, que nos esperaba y nos recibió con *khatas*, los pañuelos largos de color blanco que los tibetanos ofrecemos como señal de bienvenida. Miré alrededor y solamente vi dos montañitas y un valle en medio de un lugar muy seco. Me impresionó. Vi unas palmeras cerca de la casa, llamada Los Molinos. Me explicaron la historia inicial de esa casa. Se ve que un general de la época de Franco, para poder escaparse deprisa en caso de necesidad, hizo construir una casa al lado del tren. Quiso construir una casa bonita, pero antes de acabarla alguien lo mató y aquella casa quedó abandonada. Los hippies la alquilaron por un precio muy barato y se instalaron allí.

Aquella noche, después de haber llegado a aquel lugar que me pareció extraño, nos acompañaron hasta dentro de la casa. Allí encontramos veinte personas esperándonos. Quemaban incienso y todos llevaban *khatas*. Aquella sensación de incomodidad que tuve al llegar a aquel lugar se fue y me encontré inmerso en una muestra de cultura tibetana. Nos hicieron un gran recibimiento y casi todo el mundo hablaba inglés. Mi alma se tranquilizó al ver que conocían alguna cosa de la cultura tibetana.

En aquella casa no había luz ni agua corriente. Utilizaban el agua de regar los campos. Era agua sucia. Y un motor nos proporcionaba luz. No había ninguna comodidad, todo el entorno era muy seco, pero estaba muy contento de estar allí. Hacíamos clases de meditación y de budismo. Yo hacía de traductor. Tenía tiempo libre y me apetecía hacer todo aquello. Escuchaba las noticias, escuchaba música, leía algún libro, paseaba un poco. Estuve bien allí.

Conocí gente nueva y todo el mundo era muy amable. Eran hippies, budistas, con muy buenos propósitos. Vivimos allí casi un año. Preparamos cursos y muchas personas asistían a ellos. Sin embargo, mucha gente que venía se ponía enferma a causa del mal estado del agua y al final muchas personas nos decían que no podían venir a este lugar porque estaba muy lejos de Barcelona y de Madrid, y también porque se ponían enfermos.

En aquel lugar había muchos inconvenientes. La gente que venía allí pedía que cambiáramos de lugar. En aquella época, la mayoría de personas que venían eran de Barcelona y de Madrid. La gente de Madrid nos pedía que fuésemos a Madrid y la gente de Barcelona nos decía que viniésemos a Barcelona. El Lama Gueshe Lobsang Tsultrim y yo no teníamos referencias para poder escoger. Les dijimos que hablasen entre ellos, que nos dijeran dónde había más condiciones para establecernos, y allí iríamos. La gente de Barcelona fue más ágil en las gestiones. Nos dijeron que fuésemos a Barcelona y vinimos aquí.

Nos llevaron a un centro, el Centro Nagarjuna de Barcelona, que está en la Diagonal, esquina con la calle Pau Claris. Nos lo enseñaron y nos quedamos a vivir allí. El lugar estaba bien y había buena gente. A pesar de ello, no aprovechaban demasiado nuestra estancia allí. Yo quería aprender bien el castellano. Por entonces veía al Dalai Lama cada año y él me preguntaba si estaba aprendiendo castellano. Le decía que lo hablaba, pero que no me había enseñado nadie. Su Santidad me insistía en que lo aprendiese bien, así que yo pedía a la gente del centro que, por favor, me enseñasen castellano. Ellos decían: «Ok, ok, empezaremos la próxima semana», pero «la semana siguiente» no llegaba nunca. El Lama Gueshe Lobsang Tsultrim y yo íbamos cada año a transmitir enseñanzas budistas a Ibiza, Mallorca, Menorca, Zaragoza, Madrid, San Sebastián, Sevilla, Valencia, Granada, Teruel, etc. Hicimos un gran recorrido.

Durante la conferencia para más de diez mil personas de Su Santidad el Dalai Lama en el Palau Sant Jordi (10 de septiembre de 2007)

Volvió a pasar un año y otra vez el Dalai Lama me dijo: «¿Ya has aprendido castellano? ¿Y enseñas tibetano?». Le respondí que lo iba ofreciendo al centro y que todo el mundo decía que quería aprender, pero que no empezaban nunca a hacerlo. Me volvió a insistir en que era preciso aprender y enseñar. En este sentido, aquella experiencia fue un poco dura. Al final les dije que no aprovechaba mucho mi estancia. Pasaron tres años muy rápidamente. Llegó el cuarto año y, puesto que el Dalai Lama me había dicho que era conveniente estar tres años fuera del monasterio, me preguntaba qué era preciso hacer. No sabía si volver al monasterio, en la India, o ir a Suiza, lugar al que me invitaban, o en América, donde también era invitado. Fui a preguntar al Dalai Lama qué era conveniente que hiciera. Su Santidad cerró

Con dos de las víctimas de tortura en cárceles de China, los monjes tibetanos Tanak Jigme y Palden Gyatso (a su derecha), tras declarar en la Audiencia Nacional en la querella contra el genocidio en el Tíbet. A la derecha, el abogado redactor de la querella, José Elías Moltó, y Alan Cantos, del Comité de Apoyo al Tíbet. (10/01/2006. Foto © Ángel López Soto)

los ojos, meditó un ratito y me dijo: «No hace falta que vuelvas a Dharamsala. Puedes regresar cuando quieras, pero no hace falta que lo hagas ahora. En América hay muchos tibetanos. En Suiza también hay muchos tibetanos y, por lo tanto, no podrás hacer cosas demasiado significativas allí». Me preguntó si, en España, tenía algún problema de documentos referentes a la residencia. Le respondí que no había ningún impedimento para renovar los papeles de la residencia. Añadió que, en este caso, si me quedaba en Barcelona, sería el primer tibetano residente en España, y que valía la pena que me quedara aquí, que haría más trabajo aquí que en la India, que en Suiza y que en América.

El Dalai Lama me dijo: «Eres un monje budista y esto está muy bien, pero vivirás en Cataluña y la religión de su gente es la católica. Tú serás un invitado y ellos son los hijos de esa tierra. Has de respetar a los católicos y has de tener buenas relaciones con ellos. Aunque seas monje budista, no has de querer convertir a nadie al budismo. No has de hacer ningún tipo de proselitismo. Cada uno tiene su religión, su momento de aprender y de experimentar en su vida. Quédate allí, y tu trabajo será difundir la cultura tibetana. En nombre de la cultura tibetana, podrás hablar del Tíbet, de su historia, de la lengua, del nivel cultural, de la solidaridad, de los derechos humanos, de filosofía budista y del problema del Tíbet. Podrás tratar de organizar un centro cultural. Quédate e inténtalo. No debes crear ningún conflicto ni ningún problema. Poco a poco irás trabajando para tu país. Eso será lo mejor que podrás hacer.»

Su Santidad añadió que no dejara de golpe el Centro Nagarjuna. Me aconsejó esto: «Les dices que te irás, les pides permiso y te ofreces para lo que les haga falta. Les explicas tu proyecto y les comentas que allí no has podido aprender lo que querías ni has podido enseñar aquello que te habías propuesto. Les expones que sientes no haberlo podido hacer, les das las gracias por todo, les haces saber que dejarás el centro cuando llegue el nuevo traductor y que, entonces, empezarás tu trabajo referente a la cultura tibetana». Me remarcó que, hasta que no encontrasen un nuevo traductor, no los dejara y que los ayudara. Me dijo que eso era muy importante.

Me costó mucho explicar esto al centro. Lo expliqué al director. Hacía tres años que yo estaba allí y todos nos conocíamos. Vivíamos juntos y comíamos juntos. Allí vivían el director del centro, monjes, una cocinera, un traductor del inglés al castellano, el lama Gueshe Lobsang Tsultrim y yo.

Durante el tiempo que estuve allí, me había dedicado a traducir del tibetano al inglés. En esos momentos, les dije que quería trabajar para mi país. Me decían que no me marchara, que me quedara, algunos lloraron... Lloramos juntos y al final les dije que ya estaba decidido, que lo había hablado con el Dalai Lama, pero que no los dejaría de repente. Les pedí que buscaran un nuevo traductor y que, cuando llegase un traductor mejor que yo, entonces me iría. Llegó uno, Tubthen Thapkhey Sherpa, y me pude marchar del centro.

Empecé a buscar un lugar para abrir el centro cultural tibetano. Formamos l'Associació Cultural d'Estudis de l'Himalàia. Estaba formada por diversos profesores de Cataluña, por Albert Pedrol y Pep Bernadas de la Librería Altaïr. Era una asociación de amigos del Tíbet. Unos de sus fundadores fueron: el profesor Ramon Prat, doctor en estudios tibetanos, Carles Bayés, un escalador que había subido al Everest, y mi secretario Enric Ainó, que murió hace pocos años. Sin embargo, no teníamos ninguna sede, ninguna oficina. En la Librería Altaïr hacíamos conferencias y charlas, pasábamos diapositivas... Empecé a buscar subvenciones, pero era difícil obtenerlas.

Quería aprender bien el castellano y fui a la universidad para hablar con el rector. Me dijeron que era muy difícil poder hablar con él, pero me dieron una hora para que mantuviésemos una entrevista. Fui a verlo y le expliqué que era tibetano, que me gustaría hablar bien el castellano y que tal vez quisiera estudiar tres o cinco años de filología. Me dijo: «¡Ah, eres tibetano. ¡Qué bien!». Le comenté que no tenía dinero y le pregunté si tendría la posibilidad de obtener una beca. Me respondió que, para solicitar una beca, hacía falta el permiso de residencia. Le dije que ya lo tenía y que hacía dos años que vivía en Barcelona. Me contestó que hacía falta tener cinco años de residencia para pedirla. Alguien me comentó que, para aprender castellano, era preciso pedir subvenciones a Madrid, ya que aquí, en Cataluña, ofrecían para aprender catalán. Me dirigieron a unas oficinas en las cuales todo el mundo estaba contento de saber que yo era tibetano, pero me decían que no había subvenciones para aprender el castellano. También quería aprender el catalán, pero primero me interesaba profundizar en el castellano, lengua que ya sabía un poco. Pensé que primero estudiaría castellano y después catalán. Sin embargo, no pude conseguir ninguna beca.

Dejé el centro budista Nagarjuna y no encontraba ningún lugar para el centro cultural tibetano. Cada día paseaba por Barcelona, por Las Ramblas, por el Barrio Gótico. Tenía mucho tiempo, comía con algún amigo, cenaba con otro amigo. En aquellos momentos no tenía casi nada, no tenía dinero, ni una peseta –que era la moneda de entonces–. Tenía amigos que me preguntaban: «¿Wangchen, tienes dinero?». Al saber que no tenía, me daban quinientas pesetas, a veces me daban mil pesetas. Procuraba aprovechar bien ese dinero. Como tenía tanto tiempo, cogía el tren e iba al aeropuerto. En el aeropuerto había los carros para trasladar las maletas. Introducías una moneda de veinticinco pesetas en el carro y podías disponer de él. Durante mucho tiempo, como no tenía trabajo, me quedaba en el aeropuerto. Saludaba a la gente y buscaba carros. Muchas personas facturaban las maletas y dejaban los carros con las monedas dentro. Entonces yo los cogía y los colocaba en su lugar. De esta manera podía obtener las monedas que aquella gente había dejado.

Tengo la buena suerte de que en la vida siempre me han surgido y me surgen muchos amigos y, en aquella época, viví un año en casa de Enric y Conxita, los padres de mi secretario. Eran catalanes. ¡Qué buena gente! Después otro amigo, Andreu Barba, me comentó que tenía un piso vacío y que me lo ofrecía para vivir en él. Era un piso muy bien situado, en la calle de Rosselló, esquina con la calle de Bailén. Era un ático. Quedamos un día y me lo enseñó. Me dijo: «Es para ti, tiene cocina y habitaciones». En definitiva, me lo dejaba para vivir allí. ¡Qué bien tener buenos amigos! Le di las gracias y me fui a vivir allí. En esa época, cada año iba a Dharamsala para la celebración del año nuevo tibetano. Como no tenía dinero para ir, cuatro o cinco amigos se ponían de acuerdo y me compraban el billete de ida y vuelta a la India. Allí no necesitaba dinero, vivía gratuitamente en el monasterio de Namgyal. Después volvía a Barcelona. Estos amigos cada año me ayudaron a comprar el billete para ir a Dharamsala.

Cada vez que el Dalai Lama venía a Europa, yo iba a encontrarlo. Su Santidad sabía que yo no tenía dinero y me preguntaba: «Wangchen, cómo has podido llegar hasta aquí? ¿Con amigos? ¿En dónde vives estos días?». Yo le decía que había ido con amigos y que dormía en una pensión. La gente en estos encuentros ofrecía al Dalai Lama sobres con dinero y muchas veces él me daba. Me decía: «Ya que tú no tienes nada, toma este dinero». Y me daba un sobre con liras, si estábamos en Italia, o con francos, si estábamos en Francia.

En realidad, como mi mente es bastante abierta, no doy vueltas a cosas muy preocupantes como pueden ser el no tener trabajo, dinero, «seguridades»... Lo importante era que no tenía que sufrir para poder comer. Los amigos siempre me invitaban a comer y yo no me preocupaba. Tampoco tenía como objetivo ganar mucho dinero y hacerme rico. Ese no era mi sueño. Si tenía comida, comía. Si algún día no tenía, paseaba. Muchas veces entraba en un restaurante paquistaní. Buscaba el más pequeño, el más barato de Barcelona y pedía algo para comer. Iba haciendo muchos amigos; fue una época muy interesante.

La visión del Dalai Lama continuaba siendo que yo organizase un centro cultural tibetano, pero no había manera de encontrar un sitio. No encontraba el lugar adecuado para montar el centro cultural tibetano en Barcelona.

Mientras, surgió otra ocupación para mí. Había bastantes lamas sabios que se morían porque ya era muy mayores. ¡Qué pena que se muriesen aquellos lamas! Uno era experto en lógica, otro en disciplina monástica, otro era un experto en psicología budista tibetana... El Dalai Lama decía que aún había lamas sabios. Muchas personas recibían enseñanzas de ellos, pero nadie grababa ni anotaba aquellas enseñanzas. Su Santidad pensaba que todavía no era demasiado tarde para hacerlo y que era importante que lo hiciésemos. Dijo que, puesto que había los medios tecnológicos para realizarlo, para grabar la voz y las imágenes, valía la pena hacerlo y guardarlo para el futuro. Había cámaras y cintas VHS que podían contener cuatro horas de grabaciones. El Dalai Lama lo quería organizar. Alguien me dijo que, al no haber encontrado aún en Barcelona un lugar para el centro de cultura tibetana y al no tener un trabajo concreto, el Dalai Lama había pensado en mí para hacer esto. «¿Por qué no lo haces?», me preguntaban algunos, y yo también me lo preguntaba a mí mismo. Pedí que acabasen de consultar al Dalai Lama si era yo quien tenía que hacerlo.

Resultó que me lo encargaron y, entonces, empecé a aprender las técnicas para poder hacer buenas grabaciones. Surgió un benefactor –una fundación– y fui a un centro de tecnología de la imagen en Londres. Me invitaron a hacer el aprendizaje y estuve cinco o seis meses en Londres. Después, como todos los maestros lamas estaban en la India, fui allí para poder hacer las filmaciones. Compramos cámaras, trípodes y todo el equipo necesario. Estuve un tiempo filmando y grabando enseñanzas de los maestros. Fui a muchos monasterios. El programa se llamaba *Lama Project* y me nombraron director del mismo. Esto pasó durante los años 1989-1990. Grabamos muchas, muchas cosas y todo está archivado en la India. Pensaba dedicar tres años a este proyecto. Un día del segundo año estábamos cerca de Dharamsala. Había muchísima gente porque se inauguraba un centro cultural tibetano, el Norbu Linga. Yo estaba filmando allí. Entonces era chocante ver a un monje, con el hábito y una cámara de filmar. En aquella parte de la India hay gente que tiene la imagen de Wangchen con la cámara. En un momento determinado, oí que alguien me llamaba: «¡Wangchen! ¡Wangchen!». Reconocí la voz. Era el Dalai Lama que me llamaba. Me dijo: «Este trabajo que haces es muy sencillo. No se trata de un trabajo meticuloso de un cámara que hace documentales. Solo se trata de filmar a los lamas que están sentados y que van expresando sus enseñanzas. Está muy bien que lo hayas hecho, pero es un trabajo demasiado sencillo y no vale la pena que dediques más tiempo a ello. Lo podrá hacer otro monje. Ahora tu puedes enseñar a filmar a otros monjes del monasterio, les entregas el trabajo hecho y vuelves a Barcelona». Le dije que sí, que lo haría tal como me acababa de decir.

Fui al monasterio y expliqué esto que el Dalai Lama me había encomendado. Pedí que escogiesen dos monjes a quienes yo enseñaría las técnicas de filmación. Y así lo hicimos. Ahora tienen grandes equipos de filmación, de un excelente nivel. Antes trabajábamos con VHS y ahora ya se ha traspasado toda la documentación a unos sistemas muy profesionales. Tenemos una gran videoteca en el monasterio de Namgyal.

Después de haber formado a los dos monjes, volví a Barcelona. Continuaba constatando que era muy difícil encontrar un local para abrir el centro de cultura tibetana. Tenía muy buenos amigos, pero no podía conseguir ninguna ayuda gubernamental.

En esos momentos, mi amigo Klaus Hebben, que vive en Mónaco, me invitó a pasar unos días allí. Era el amigo alemán que había venido a Dharamsala. Nos habíamos visto y tratado en el monasterio de Namgyal. Allí me pidió si lo podía acompañar a diversos lugares y lo hice. Lo acompañé por Dharamsala y por diferentes lugares de la India y nos hicimos buenos amigos.

Fui a Mónaco. Y navegué con él. Tiene tres barcos: uno es pequeño, otro mediano y el otro es muy grande. Este último tiene cien años. Me invitó a ir con este barco a Córcega. Me llevó también a Mallorca y a diferentes lugares. Sin embargo, a mí el mar me da miedo y sufrí un poco en aquellos viajes. A él también le gustaba ir en bicicleta y hacer caminatas, y lo hacíamos.

Otra vez que me invitó a Mónaco me dijo: «Wangchen, tienes que quedarte a vivir aquí. Alquilaré un piso pequeño o compraré un pequeño piso para ti. Podremos hacer meditación juntos y me enseñarás un poco de budismo». Para mí Mónaco era como un pequeño Hong Kong y no tenía claro qué podría hacer yo allí, así que le di las gracias y le dije que aquello no era para mí. Le comenté que tenía que hacer cosas en Barcelona, que el Dalai Lama me había pedido que montase un centro cultural tibetano en Barcelona y que aún no lo había podido hacer. Me preguntó por qué no había podido llevar adelante este proyecto. Le dije que no tenía dinero y que, sin dinero, era imposible hacerlo. Me dijo: «Ah!, si solo es un problema de dinero, ¿Por qué no me lo has pedido?». Le comenté que a los amigos no les podía pedir ni mil euros ni dos mil euros. Me insistió: «Tú tienes confianza en mi, ¿Por qué no me lo pides? Si el Dalai Lama propone hacer este centro cultural tibetano, será una cosa buena. Ve a Barcelona, yo te ayudaré. Si encuentras pisos, llámame. Yo te compraré el lugar que valga la pena. Te ayudaré». Se lo agradecí y volví a Barcelona.

Un día llamé al amigo Klaus para decirle que había encontrado unos cuantos pisos muy bonitos. Me preguntó cuántos metros cuadrados tenían. Al responderle que tenían unos noventa, cien, o ciento diez metros cuadrados, me dijo que eran apropiados para viviendas familiares, pero que eran pequeños para un centro cultural y que era necesario encontrar un lugar más grande.

La Casa del Tíbet de Barcelona

Dedicatoria de Su Santidad el Dalai Lama

«La cultura tibetana es una de las herencias culturales antiguas más ricas del mundo. Basada fundamentalmente en el amor, la compasión y la no-violencia, su preservación y perpetuación no solamente beneficia al Tíbet, sino también al resto del mundo. Por este motivo espero y rezo para que la Casa del Tíbet de Barcelona (España) pueda presentar su cultura y contribuir de esta manera a desarrollar gran interés por ella.

Os doy las gracias a todos los que directa o indirectamente participáis en este trabajo tan útil y beneficioso.»

TENZIN GYATSO,
monje budista
y XIV DALAI LAMA
19 de diciembre de 1994
Traducción del manuscrito en tibetano
del libro de firmas de la Casa del Tíbet

Mi amigo Klaus me insistió en la importancia de encontrar un lugar bien grande. «Yo te ayudaré», me repetía, y yo, en cambio, buscaba un lugar con tres o cuatro habitaciones: una para la oficina, una para mí y otra para las personas que necesitaran quedarse a dormir. Buscaba un lugar pequeño para vivir y pensaba que los actos de difusión de la cultura tibetana podríamos organizarlos en los centros cívicos o en otros espacios de la ciudad. Entonces en mi mente había la idea de un centro de cultura tibetana pequeño, no una gran casa del Tíbet. Al final mi amigo me dijo: «Busca alguno de los lugares más grandes de Barcelona».

Busqué mucho, miré muchos espacios, y un día un amigo me dijo que, en una agencia, había una oferta de un espacio muy grande. Se trataba de un piso situado en un edificio que estaba al lado de la Casa Macaya, en el Passeig de Sant Joan, esquina Diagonal. Tenía trescientos diez metros cuadrados. Me encantó, pero llamé a Klaus y le dije que tenía que venir a Barcelona porque era demasiado caro y no quería abusar de su generosidad. Vino y le enseñé los tres o cuatro lugares que había visto, y también el piso contiguo a la Casa Macaya. Le gustó tanto como a mí, lo vio claro, lo quiso comprar y lo pagó.

Teníamos trescientos diez metros cuadrados por organizar. Aquel mismo año de 1994, al cabo de seis meses de haber adquirido el espacio para la Casa del Tíbet, el Dalai Lama vendría a Barcelona con motivo de los *Special Olympics*. Iba a ofrecer una iniciación al *Kalachakra*. El piso de al lado de la Casa Macaya era antiguo y sacamos todas las moquetas del suelo. Lo pintamos todo. Al cabo de seis meses, el Dalai Lama llegó a Barcelona y, al decimonoveno *Kalachakra* que ofreció Su Santidad, asistieron tres mil personas. Nuestro centro todavía estaba muy vacío. Allí teníamos pocas cosas, solamente dos tapices y una estatua de Buda. Le dije que teníamos un pequeño espacio arreglado y le pedí si podía hacer la inauguración del centro.

El Dalai Lama inauguró nuestro centro cultural tibetano el 19 de diciembre del 1994. Vinieron a la inauguración Richard Gere, Penélope Cruz, Nacho Cano y muchas otras personas. Había comprado un libro de firmas para que los visitantes pudiesen firmar. El Dalai Lama escribió en el libro: «CASA DEL TÍBET DE BARCELONA». Yo había pensado poner este otro nombre para el centro: *Centre Cultural del Tibet*, pero el Dalai Lama lo inauguró dándole el nombre de Casa del Tíbet de Barcelona. Allí estuvimos desde 1994 hasta 2004. Estuvimos diez años en aquel espacio del Passeig de Sant Joan. En 2004, unas vecinas, unas señoras que vivían en el edificio, decían que la gente que venía a la Casa del Tíbet les molestaba. Recibí una carta del presidente de la comunidad del edificio diciendo, con muy buenas palabras, que habían sido muy afortunados de habernos tenido instalados allí, pero que había demasiada gente que subía y bajaba por el edificio. Nos recomendaba buscar una planta baja, nos decía que eso sería bueno para nosotros. Al día siguiente, le di las gracias, le dije que no queríamos molestar a nadie y que buscaríamos otro lugar. Le pedí que, mientras no encontrásemos ese lugar, tuvieran paciencia. La verdad es que me preocupé un poco.

Yo hablaba con mi amigo Klaus tres o cuatro veces al año. Y justamente, al cabo de una semana de haber pasado esto, me llamó para preguntarme cómo iba todo. Le dije que todo iba bien, pero en ese mismo momento me vino a la mente esa carta y le comenté que había un pequeño problema. Enseguida quiso saber de qué se trataba. Le expliqué que los vecinos me habían hecho llegar una carta exponiendo que había demasiada gente que subía y bajaba del edificio, que eso causaba molestias y que sería mejor que buscáramos una planta baja. Me preguntó si era cierto que iba mucha gente al centro y le respondí que sí, que la gente no cabía allí, que teníamos que poner altavoces para que las personas instaladas en la biblioteca y en las oficinas pudiesen seguir las conferencias y las prácticas. «En nuestra sala no caben más de noventa personas», le dije. Entonces el me respondió: «It's not a problem! Si tú me dices que viene mucha gente y que hay gente que no cabe, esto es un éxito, no un problema. Sería un problema si no fuese gente y si la cultura tibetana no interesara. En ese caso, tendríamos que decir que no interesa a los catalanes ni a los españoles, tendríamos que vender este espacio, y tú y yo tendríamos que descansar. Ahora bien, ya que es un éxito, tienes que buscar un lugar más grande y yo te ayudaré». Le dije que de acuerdo y empecé a buscar un nuevo espacio.

Después de buscar bastante, encontré el espacio donde estamos ahora. Era una planta baja con dos pisos y la entrada al aparcamiento del edificio. Estaba en venta. Llamamos al teléfono que la publicidad indicaba y quedamos para verlo. Todo estaba sucio, muy, muy sucio, pero me encantó porque vi que podía ser un lugar diáfano. Llamé a Klaus, que vino desde Mónaco, y le mostré el lugar. Le gustó. Sin embargo, vio que costaría mucho transformarlo y adecuarlo. Pensaba que sería difícil hacerlo, que haría falta el trabajo de un arquitecto, etc. Le pedí que, para transformar el espacio, no gastara mucho dinero. Klaus me respondió: «Wangchen es mi dinero. Tú no te preocupes. Como centro cultural y casa del Tíbet no debe de tener lujos, pero ha de ser un lugar digno. Un lugar demasiado humilde y pobre no atraería a la gente. Y, por otra parte, el lujo no es bueno y no ha de tener cabida aquí. Un lugar digno será un buen lugar. Tú no te preocupes, yo tengo dinero y lo quiero gastar en esto». Hablamos con el propietario, con el abogado y con el arquitecto. Vendimos el otro espacio de al lado de la Casa Macaya y el amigo Klaus firmó todos los documentos legales y pagó el dinero que pedían por el nuevo lugar. Habíamos comprado el primer espacio en 1994 y lo vendimos en 2004 por el doble de lo que nos había costado.

El arquitecto fue Jaume Bach, un gran profesional. Yo solamente le dije cómo quería el altar y cómo quería las oficinas, y él lo diseñó siguiendo las instrucciones dadas. En ese 2004 se estuvo trabajando para esta nueva sede de la Casa del Tíbet. El Dalai Lama tenía que venir a Barcelona para el Fórum 2004. Estábamos muy contentos pensando que esta vez también podría inaugurar la nueva sede. Los monjes, los lamas y yo también trabajamos mucho para tenerlo todo pintado, para tener el altar a punto... Finalmente, Su Santidad no pudo venir al Fórum 2004 a causa de la presión ejercida por los chinos. El gobierno de China dijo a las autoridades de Barcelona: «¿Queréis al Dalai Lama o queréis los Guerreros de Xian? Si queréis

Su Santidad el Dalai Lama inaugura oficialmente la sede de la *Fundació Casa del Tíbet* de calle Rosellón, 181 (9 de septiembre de 2007. Foto © Roser Vilallonga)

los Guerreros de Xian, Barcelona será el primer lugar del mundo que los habrá podido tener. Si los queréis, el Dalai Lama no puede venir a Barcelona. Si el Dalai Lama va a Barcelona, no tendréis los Guerreros de Xian». Era la primera vez que Los Guerreros de Xian saldrían de China. Intenté luchar para que esto no pasara. Fue duro vivir aquello y que, finalmente, el Dalai Lama no pudiese venir. Es una lástima que mande el poder del dinero.

Acabamos de transformar el espacio y el 2007, cuando el Dalai Lama vino a Barcelona, hicimos la inauguración y bendición de la Casa del Tíbet.

Mi trabajo y mi destino fueron venir aquí a Barcelona, mi karma está aquí en Barcelona. La realización de la Casa del Tíbet de Barcelona ha podido ser gracias, primero, a la visión del Dalai Lama, que me sugirió venir aquí; gracias, en segundo lugar, a haber encontrado al amigo Klaus, tan generoso; en tercer lugar, gracias a los amigos y socios de la Casa del Tíbet. Gracias a ello he podido, con mis ánimos, mi interés y dedicación, trabajar y servir a mi país.

El pasado 2014 la Casa del Tíbet cumplió veinte años. Estoy contento de que hayamos podido hacer este proyecto para mi país, el Tíbet, y para su cultura, filosofía budista y tradición tibetanas. Y estoy contento por haber seguido el consejo, la visión y el mensaje del Dalai Lama. He podido preservar, transmitir, compartir y vivir en mí la unión entre Oriente y Occidente. La Casa del Tíbet no es solamente para los budistas. La Casa del Tíbet es para todos, para la gente pobre, para la gente rica, para los políticos, para las personas que se sienten perdidas, para las personas enloquecidas, para la gente que siente simpatía por el Tíbet o que solo está interesada en sus montañas.

En un momento determinado, Fèlix Martí, que trabajaba en UNESCO.CAT, nos ayudó. Nos comentó que nos podríamos convertir en una fundación, tal como eran ellos. De esta forma, podríamos recibir donaciones. Les pedí que nos ayudasen a transformar los estatutos de la Casa del Tíbet para llegar a ser una fundación. UNESCO.CAT nos ayudó a cambiar los estatutos. Sin embargo, la verdad es que no hemos recibido donaciones, pero todo está bien. Podemos dar gracias a los socios, gracias a la pequeña tienda de productos artesanales tibetanos, libros, etc. Gracias a todo ello, podemos continuar el trabajo de difundir la cultura y la filosofía tibetanas. Vamos justitos, pero no nos sobra ni nos falta nada. Nos podemos mantener y tenemos la suerte de no tener que pagar alquiler. Tenemos muchas personas voluntarias, pero no podemos sostenernos solamente en el voluntariado. Es lógico que, en muchos momentos que necesitamos gente para algún trabajo, los voluntarios no puedan venir a ayudarnos. Y, por otro lado, también pasa que, en momentos de poca necesidad de personal, se nos llena el espacio de voluntarios. Para poder hacer un trabajo serio y diario, necesitamos contratar personas que cumplan un horario riguroso. Por eso, a final de mes, en la Casa del Tíbet también llegan muchas facturas.

Mucha gente, cuando ve la Casa del Tíbet, con el gran espacio que tiene y la decoración, pregunta: «¿Cómo se mantie-

Su Santidad el Dalai Lama es recibido por el vicepresidente de la Generalitat de Catalunya, Josep Lluís Carod Rovira, en el Palacio de Pedralbes. (10/09/2007. Foto © Ángel López Soto)

ne?». No tenemos subvenciones, pero podemos mantenernos y continuar. Sé que mucha gente aprecia nuestra labor, pero, por otra parte, muchas personas que han conocido la existencia de la Casa del Tíbet a través de los medios de comunicación no se han atrevido a venir a nuestro centro, no han dedicado parte de su tiempo a visitarnos en estos veintidós años.

Estoy muy contento de estos veintidós años de la Casa del Tíbet, de todos los trabajos que hemos podido hacer, de todas las personas que han colaborado, de todas las fuerzas que hemos puesto para compartir nuestra filosofía, de haber podido dar a conocer el Tíbet, no solo la parte espiritual, sino toda la cultura tibetana, aunque desde luego la parte espiritual es muy importante. Si al Tíbet le sacamos la parte espiritual, que es el budismo tibetano, ¿qué nos queda? La parte espiritual es lo más importante que hay en el Tíbet. Desde la Casa del Tíbet hemos podido invitar a los más importantes representantes espirituales de diferentes linajes tibetanos, empezando por el Dalai Lama, que ha venido varias veces. Han venido muchos lamas importantes y grandes maestros de diferentes escuelas.

La Casa del Tíbet no es un centro budista, es un centro de carácter cultural, en un sentido amplio, abierto a todo el mundo. Han venido y vienen maestros hindúes, llamados *swamis*. También vienen representantes católicos. Teresa Forcades, monja benedictina, hace poco que ha venido. También nos hemos relacionado con el monje ermitaño de Montserrat, el padre Basili. Cuando venían a Barcelona algunos lamas importantes, contactábamos con el padre Basili e íbamos a Montserrat a verlo. Él salía de su cueva y venía a encontrarnos con su perra Violeta, que siempre lo acompañaba. *Violeta* siempre lo buscaba y estaba tranquila a su lado. Ella era la mejor compañía del padre Basili. Hablábamos de sus experiencias y de filosofía budista.

Me gustaría que vinieran más representantes de diferentes religiones. Quisiera trabajar más en este sentido. También han venido diferentes políticos como Ernest Benach, cuando era presidente del Parlament de Catalunya. Han venido deportistas como Carles Puyol, Iván de la Peña… No voy a nombrar, uno por uno, a todos los que han venido porque no hay que coleccionar nombres de personas.

Manifestación frente a la embajada de China en Madrid contra la represión del pueblo tibetano en el Tíbet (18 de marzo de 2008. Foto © Ángel López Soto)

Además de las actividades referentes a la cultura tibetana, hacemos actividades relacionadas con la solidaridad con el pueblo tibetano. En este sentido, organizamos marchas pacíficas y manifestaciones en contra del gobierno chino –no en contra del pueblo chino–. Los centros budistas dicen: «Wangchen es un político». En los centros budistas tengo fama de ser un político. En parte es así, porque hablo de la opresión del pueblo tibetano y también por el hecho de ser parlamentario tibetano en representación de los tibetanos exiliados en Europa. Hay muchos tibetanos que lo podrían ser, pero no tienen voz. Y yo, desde aquí, puedo trabajar, puedo hacer, puedo hablar, puedo mover cosas para favorecer la solidaridad con el pueblo del Tíbet.

En España hay muchos centros budistas, grandes y pequeños. En Cataluña hay bastantes budistas y hay diez o doce centros budistas. Tengo buena relación con estos centros, pero me gustaría que no se olvidaran del Tíbet. Los maestros de los directores de los centros budistas son tibetanos. Es necesario hablar de los problemas del Tíbet, apoyar y participar en las iniciativas a favor de la solidaridad con el Tíbet. En la mayoría de centros budistas dicen: «Somos religiosos, no políticos. Hemos de separarnos de los temas políticos». En este caso, no ha de ser así. Nuestros maestros son tibetanos y han sido expulsados de su país. Nosotros hemos recibido de nuestros maestros las enseñanzas, las prácticas de meditación y las instrucciones para las ceremonias. Moralmente, les hemos de devolver algunos favores. La solidaridad sería una buena cosa. Si nosotros organizáramos marchas con violencia, con lanzamientos de piedras, de tomates o huevos, sería mejor no participar en ellas, pero nuestras marchas siempre son pacíficas. Las prácticas de meditación no solamente las hemos de querer para calmar nuestra mente y poder estar mejor, también han de servir para no olvidar las injusticias y, en este caso, el sufrimiento del Tíbet.

No pienso que yo sea un político, pero, por justicia, creo que es necesario ejercer la solidaridad con el pueblo tibetano. Si nuestros maestros son tibetanos y están sufriendo, es preciso que los discípulos nos solidaricemos con ellos. Hay una verdad incuestionable y es que el pueblo tibetano ha sufrido a causa de la invasión preparada y ejecutada por el gobierno chino. Fue una invasión militar china con tanques, con cañones, con armas en la cual murieron más de un millón de tibetanos. Actualmente, el pueblo tibetano aún está sufriendo a causa de esto.

En la Casa del Tíbet no lavamos el cerebro de nadie. Cualquier persona es bienvenida. No tiene que ser ni budista ni tibetana. Incluso los hermanos chinos son bienvenidos. No queremos fanáticos del Tíbet, no necesitamos fanáticos del budismo. No hemos de ser más papistas que el Papa, tal como se dice. En este sentido, digo que hay más budistas que Buda. Mucha gente, aunque haya profundizado poco, dice que medita muchas horas y va diciendo «mi lama», «mi maestro», pero en realidad hay mucha gente que dice esto y que tiene un interior vacío. Si solamente ve a su maestro un fin de semana al año, qué puede aprender de él. En cualquier religión hay fanáticos. Eso no es bueno, no es sano.

El Dalai Lama, cuando me aconsejaba venir a Barcelona, insistía en la necesidad de respetar a todo el mundo, tanto culturalmente como religiosamente. Me decía que nunca creásemos conflictos en nombre del budismo.

Yo no tengo ningún conflicto con nadie, pero puede ser que, tal vez, alguien tenga algún conflicto conmigo. No quiero ser famoso, pero, puesto que muevo actividades de solidaridad con el Tíbet, me conocen en diferentes lugares. Eso crea susceptibilidades. Queremos que todo el mundo haga sus cosas con dignidad, siguiendo la verdad desde el corazón, con sinceridad. Si la motivación está manchada, todo sale mal. Aunque se tenga éxito temporal, con una mala motivación, el éxito no durará. Más adelante, cuando la verdad se imponga, llegará el fracaso, la vergüenza, la incomodidad y el arrepentimiento. Es preciso que mantengamos estos principios: la claridad, la verdad, la justicia, la honestidad. Aunque fracases de forma temporal siguiendo estos principios, no te has de arrepentir de haber actuado siguiéndolos. Actuando de esta forma hay esperanza.

Durante estos veinticuatro años de mi vida dedicados a la *Fundació Casa del Tíbet* de Barcelona he disfrutado mucho organizando actividades y conociendo a tanta gente interesante de diferentes campos: del filosófico, del mundo cultural, intelectual... e incluso a muchas personas que han perdido el rumbo, que han «desconectado». Hemos organizado actividades diversas, como retiros espirituales, cursos y seminarios de yoga, de mindfulness, de medicina y astrología tibetanas, clases de lengua tibetana, de pintura tibetana, conciertos de música tibetana, exposiciones de arte tibetano. Hemos celebrado las fiestas del Año Nuevo Tibetano, los cumpleaños del Dalai Lama, etcétera.

El Gobierno Tibetano en el Exilio

«Evidentemente, los problemas están ahí. Pero considerar solo el aspecto negativo de las cosas no ayuda a encontrar soluciones y destruye la paz interior. Sin embargo, todo es relativo. Es posible sacar algo positivo incluso de las peores tragedias, siempre y cuando adoptemos una visión holística. Pero si tomamos lo negativo como absoluto y definitivo, aumentamos nuestros problemas y nuestra angustia. En cambio, si tratamos de ver más allá del problema, comprendemos lo que tiene de malo, pero lo aceptamos. En mi opinión, esta actitud proviene de mi experiencia y de la filosofía budista, que me ayuda enormemente… Tomemos como ejemplo la pérdida de nuestro país. Somos un pueblo de apátridas y debemos hacer frente a la adversidad y a muchas situaciones dolorosas en el Tíbet. Sin embargo, tales experiencias nos aportan también muchos beneficios… La vida del exiliado es una vida de infortunio, pero siempre me he esforzado en cultivar un estado de felicidad mental, intentando apreciar las oportunidades que me ofrecía esta existencia sin disponer de un domicilio fijo, lejos de todo protocolo. Así he podido conservar mi paz interior.»

DALAI LAMA

A causa de la invasión militar china, mataron a muchos tibetanos. Muchos tibetanos fueron asesinados por militares chinos. Murieron miles y miles de tibetanos. Ya he explicado que incluso mi propia madre fue una de esas víctimas. Se destruyeron muchos templos y monasterios. Perdimos la libertad y los derechos humanos. Se eliminó la libertad religiosa y la libertad de educación. Tuvimos que exiliarnos y el Dalai Lama tuvo que huir.

Debido a la invasión, a la represión y a la expulsión de los tibetanos del Tíbet ejecutadas por orden del gobierno chino, los tibetanos nos hemos dispersado y hemos vivido exiliados en muchos lugares del mundo: en Australia, en Estados Unidos, en la India, en Nepal, en Canadá, en Europa. En estos lugares, las entidades tibetanas han dado a conocer la cultura, la filosofía y las tradiciones tibetanas. El mundo ha conocido el Tíbet. A pesar de esta gran desgracia que hemos padecido y que estamos padeciendo los tibetanos, el mundo ha podido conocer nuestra filosofía y la cultura tan humanista que tenemos. El mundo ha podido ver al Dalai Lama y escuchar su mensaje. Ahora el mundo conoce un poco más el Tíbet y el sufrimiento de los tibetanos. Y también las cosas positivas de nuestra cultura, como nuestra filosofía, que está llena de humanidad, la enseñanza de la meditación, el despertar y el ser conscientes de la potencia humana, la valentía de vivir, la alegría y el vivir con más ánimos. Esta es la parte positiva que se ha generado con esta gran catástrofe.

Si, aparte del dolor sufrido, los tibetanos vemos esta parte positiva, nuestra ira por el mal que los chinos han hecho al Tíbet se transforma y se reduce. Esto lo podemos hacer a través del poder de transformar el pensamiento. El Dalai Lama nos ha enseñado esto directamente. Transformar la mente se llama en tibetano *Lo Jong*. Es una práctica muy importante y muy básica en el budismo. Cuando estamos viviendo una situación grave y conflictiva, no la hemos de negar, la hemos de aceptar tal como es. No la podemos negar porque esa realidad existe. Aceptándola, conseguimos no sumar más fuerza negativa. Después podemos intentar transformarla. Las cosas negativas no pueden proporcionar alegría, satisfacción, felicidad y paz. Si algo te quita la paz, la felicidad, la tranquilidad, entonces no te sirve. Todos los seres, tanto los humanos como los animales –incluso los insectos–, buscamos la felicidad.

Dharamsala es un lugar pequeño, pero es la segunda capital del Tíbet. Se encuentra en la India. Es el lugar donde vive el Dalai Lama y es la sede oficial del Gobierno Tibetano en el Exilio. En Dharamsala viven el Dalai Lama, los ministros y la mayoría de parlamentarios. El órgano legislativo más importante de la Administración Central Tibetana es el Parlamento

Tibetano en el Exilio. La creación del Parlamento, órgano elegido democráticamente, es uno de los cambios más importantes que el Dalai Lama ha propiciado en su línea de esforzarse por crear un sistema democrático de gobierno. Actualmente, el Parlamento está compuesto por cuarenta y cinco parlamentarios: diez miembros por cada una de las tres provincias tradicionales de Tíbet: U-Tsang, Do-tod y Do-med, y el resto de parlamentarios proceden de las cuatro escuelas de budismo tibetano (Nyingma, Sakya, Kagyu y Gueluk, incluyendo la escuela Bon prebudista) y de los tibetanos en el exilio: dos parlamentarios de Europa, dos de América del Norte y uno de Australia y alrededores. La dirección del Parlamento Tibetano en el Exilio corre a cargo de un presidente y un vicepresidente, elegidos por todos los parlamentarios. Todo tibetano que haya cumplido los veinticinco años tiene derecho a presentarse como candidato en las elecciones al Parlamento. Y todos los tibetanos que hayan cumplido dieciocho años tienen derecho a votar.

Los tibetanos exiliados tenemos una Carta Magna, la conocida Carta del Tíbet. Es la ley suprema que rige las funciones de la Administración Central Tibetana. Se ha basado en documentos de esta índole aprobados por democracias, pero la nuestra está sustentada por valores tibetanos. La redactó un comité instituido por el Dalai Lama en 1990 y, después de reunir muchos comentarios y sugerencias, fue elaborada, aprobada por el Dalai Lama el 28 de junio de 1991 y entregada para deliberación en la Asamblea de Diputados del Pueblo Tibetano. Fue aprobada por unanimidad el 14 de julio de 1991.

En la carta se determinan los principios fundamentales, derechos y deberes, los principios y las directrices de la política de la Administración tibetana y establece las funciones del poder ejecutivo, judicial, legislativo y de la Administración de los asentamientos tibetanos en el exilio.

La Carta del Tíbet consta de 108 artículos y establece los principios básicos de la democracia, determinando la separación de poderes entre los órganos de gobierno: judicial, legislativo y ejecutivo. Antes de la existencia de la Carta, la Administración Central Tibetana se regía por las líneas del proyecto de Constitución Democrática del Futuro Tíbet establecidas por el Dalai Lama el 10 de marzo del 1963. La Carta establece que no se va a promover ninguna forma de religión de estado. Los principios morales y los aspectos filosóficos más importantes incluidos en la carta son: la no violencia, la política libre y democrática –promover el esfuerzo por ser un estado libre, potenciando el bienestar social guiado por el *Dharma*, entendiendo el Dharma como un código ético: el respeto de los derechos humanos y la promoción de los valores morales. Trata del hecho de garantizar el bienestar material del pueblo tibetano. Además, incluye los derechos y responsabilidades de los tibetanos en el exilio, las formas de buscar la resolución de la situación del Tíbet y «la forma de llevar la felicidad a los tibetanos dentro del Tíbet». En la Carta se expresa que no existirá discriminación por «razón de nacimiento, sexo, raza, religión, idioma, origen social, personas laicas u ordenadas, o cualquier otra condición».

La estructura del Gobierno Tibetano en el Exilio consta de siete departamentos: Departamento de Religión y Cultura, Departamento de Salud, Departamento de Educación, Departamento de Economía, Departamento de Seguridad, Departamento de Interior y Departamento de Asuntos Exteriores. Según las leyes de derecho internacional no está permitido legalmente que, dentro de un país, haya un gobierno de otro país. Por lo tanto, no forma parte del marco estrictamente legal que en la India haya el Gobierno Tibetano en el Exilio. Muchos países no habrían acogido un gobierno en el exilio, pero el gobierno de la India, gracias al Dalai Lama, lo ha permitido. El gobierno de la India escucha todo lo que dice el Dalai Lama y lo que propone es aceptado por el gobierno de la India, que muestra una gran amabilidad hacia el pueblo tibetano. También en este sentido, Su Santidad tuvo una gran visión.

Cuando huyó del Tíbet era muy joven, tenía veinticuatro años. Perdió su país, y pendía de él una gran responsabilidad. Desde los dieciséis años tuvo que asumir una enorme responsabilidad: conducir la nación del Tíbet, tanto política como espiritualmente. Tal vez en ningún otro país hay una persona que tenga que asumir dos responsabilidades tan grandes: la política y la espiritual. Generalmente, existe el consenso de que estos dos aspectos no pueden ir juntos. Sin embargo, en el Tíbet hay una visión diferente sobre este tema, otro concepto sobre la religión. El pueblo tibetano es religioso y mucha gente tiene la creencia de que el Dalai Lama es el Buda viviente. En el Tíbet no hay partidos políticos. Durante muchos años el Dalai Lama no quiso el poder político, pero el pueblo tibetano le pidió que lo asumiera. Yo asistí a reuniones en Dharamsala y recuerdo este hecho: las peticiones de los tibetanos al Dalai Lama para que asumiera el poder político.

En las reuniones Su Santidad dice que hasta ahora ha intentado hacer las cosas lo mejor posible para los tibetanos que viven en el Tíbet, bajo el dominio y la represión de China, pero que ahora los dueños del futuro Tíbet son ellos, los tibetanos que viven dentro del Tíbet, no nosotros, que somos exiliados y vivimos en países libres. Cuando podamos volver al Tíbet, será en un Tíbet independiente o en un Tíbet autonómico, pero nosotros no podemos tomar decisiones de futuro. El Dalai Lama siempre dice que ellos han de tener el poder de decidir qué quieren y tomar sus decisiones de futuro.

El Dalai Lama quiere dedicar más tiempo de su vida a la espiritualidad. Dice que estaría bien que, mientras él esté vivo, cualquier tibetano laico pueda ir a Dharamsala para poder tener una educación moderna y para poder trabajar juntos. Mientras él esté vivo, podrá hacerlo y podrá apoyar a los tibetanos. Desde hace muchos años Su Santidad ha insistido en trabajar con tibetanos laicos a fin de que algún otro tibetano que no sea él se encargue de la dirección política del Tíbet. Durante mucho tiempo los tibetanos no lo aceptaron. Decían que tenía que ser él quien dirigiera el gobierno en el exilio. El Dalai Lama lo fue aceptando, pero llegó el día en que dijo que, al cabo de un año, en la siguiente reunión, quería que le presentasen el nombre de un candidato para que fuera su substituto. Pasado un año, en la siguiente reunión, nadie había tratado este tema ni nadie llevaba el nombre de ningún candidato. Su Santidad preguntó qué candidato le presentábamos y le dijimos que él tenía que continuar liderando el gobierno.

Esta situación se fue repitiendo hasta el año 2000. En el inicio del nuevo milenio, en la reunión del año 2000, el Dalai Lama dijo con mucha firmeza que no es bueno que siempre pensemos que el Dalai Lama lo resolverá todo. Nos dijo que el Dalai Lama no es permanente. Dijo: «El Dalai Lama un día desaparecerá, pero el Tíbet no desaparecerá, continuará existiendo». Repetía que no lo dejaría todo, que él daría soporte, pero que hacía falta que hubiese alguien que estuviera al frente de la acción política y que trabajarían juntos. Dijo que se quería retirar poco a poco de la dirección política y expresó que lo quería hacer en ese mismo año 2000. Nos dijo que no dejaría la parte espiritual y religiosa. Respecto al candidato político, determinó que él no quería nombrar a ninguno, quería que el pueblo votara, que se hiciesen elecciones democráticas. Los tibetanos de dentro del Tíbet, por desgracia, no podrían votar, así que tendrían que votar los tibetanos en el exilio. Tendríamos que votar a una persona que sería el primer ministro. Dijo que él trabajaría con la persona escogida y, de esta forma, se podría ir jubilando de esta responsabilidad política. Esta propuesta no gustó a nadie, pero la tuvimos que aceptar.

Al final, los tibetanos estuvimos hablando de este tema durante meses. Entendimos que el Dalai Lama no había tomado esta decisión porque estuviese molesto con nosotros ni porque no tuviera compasión hacia nosotros. Como un padre que quiere que su hijo pueda caminar por él mismo o que, cuando sea mayor, dirija la empresa familiar, él quería que los tibetanos nos preparásemos y tomásemos la responsabilidad de dirigir el país. Al final, aunque a los tibetanos no nos gustase nada tener que hacer esto, lo aceptamos.

Hicimos elecciones democráticas y salió elegido un *rinpoche*: Samdhong Rinpoche. Un Rinpoche es un lama muy sabio, y este también tenía muchos conocimientos políticos. Incluso políticos de la India, cuando tienen dudas sobre algún tema, van a hacer consultas a este lama y él les da consejos. Es un lama con muchos conocimientos políticos y espirituales. Fue primer ministro durante cinco años, desde el año 2000 hasta el 2005. Cada cinco años volvemos a votar. En 2005 lo volvimos a elegir. Nuestra constitución determina que un candidato solamente se puede presentar dos veces. Samdhong Rimpoche fue primer ministro durante diez años e hizo muchas reformas importantes: en el campo educativo, en la sanidad, en los campamentos tibetanos, etcétera.

El Dalai Lama, que se había medio jubilado de la política, comunicó que a partir del 2011 dejaría de hacer trabajo político. Dijo que dejaría del todo la política. Insistía en el hecho de que hacía falta escoger a una persona con muchos conocimientos políticos, con mucha fuerza, con muchas ganas de trabajar, con muchas cualidades. Dijo que traspasaría totalmente su cargo político a la persona escogida democráticamente. No hace falta decir que a muchas personas les hubiese costado dejar el poder y la fama.

El 2011 volvimos a celebrar elecciones y escogimos a un laico de cuarenta y tres años: el doctor Lobsang Sangay. Es un abogado formado en la Universidad de Harvard. Nació en la India, en Daejeerling, un pequeño pueblo del Himalaya de unos cien o doscientos habitantes. Comenzó a estudiar allí, continuó su educación en Delhi y después fue a la Universidad de Harvard. Trabajó en Harvard y es un experto en derecho internacional. Todo esto ha sido posible gracias a la visión del Dalai Lama.

Otra cosa importante es que el Dalai Lama siempre dice que tiene tres compromisos para el resto de su vida. El primer compromiso tiene relación con el hecho de que él es, en primer lugar, una persona. En esta vida es un ser humano y quiere promocionar el valor humano y dar a conocer al mundo de qué manera las personas podemos vivir de una forma más digna, más ética, y cómo podemos mejorar las relaciones entre todos nosotros. Este es su compromiso número uno. El compromiso número dos tiene relación con la religión. Él es religioso y es budista. Sin embargo, siempre hace comprender que el budismo no es la única religión, ni es mejor, ni es superior a ninguna otra. El budismo es una de las religiones. Por lo tanto, él quiere vivir en este planeta entre todas las religiones. Quiere fomentar el diálogo y la tolerancia entre las diferentes religiones. Este es su segundo compromiso. El tercero viene dado por el hecho de que él, en esta vida, es tibetano. No dejará nunca al pueblo tibetano. Trabajará siempre para contribuir a conseguir más libertad para el Tíbet, más respeto hacia nuestra filosofía, nuestra cultura y nuestra identidad. Siempre trabajará para el pueblo tibetano.

El pueblo tibetano aún tiene muchos problemas con el gobierno chino, que quiere hacer desaparecer nuestra identidad tibetana, nuestra cultura tibetana, nuestra lengua, nuestra filosofía budista y nuestro medio ambiente. Sin embargo, en lugar de desaparecer, la realidad es que cada vez está naciendo y creciendo más, a nivel mundial, el interés por el Tíbet, por la cultura tibetana y por el budismo tibetano. Aunque el gobierno chino gaste mucho dinero para obstaculizar nuestra labor, no lo conseguirá. Nosotros lo hacemos todo desde el corazón, basándonos en la verdad y el gobierno chino lo hace todo de manera oscura y escondida, con una mala motivación, utilizando fraudes y dinero. Actuando así, no puede tener éxito.

El gobierno chino siempre está metiéndose en el tema del Tíbet y del Dalai Lama. En el Tíbet hay casi seis millones de tibetanos y ahora hay casi ocho millones de chinos. Ya somos minoría en nuestro propio país, pero los tibetanos dentro del Tíbet viven como tibetanos, no como chinos. Los chinos llegan al Tíbet con armas y con tanques, pero nosotros tenemos armas auténticas: la verdad, la fortaleza, la manera pacífica de actuar. Con esto, no es fácil destruirnos.

El Tíbet no es un país pobre. Los miembros del gobierno chino van diciendo que ellos, desde el principio, vinieron al Tíbet para ayudar, para hacer progresar al Tíbet. La verdad es que, en lugar de ayudarlo, han querido destruirlo. Han sembrado destrucción y han hecho matanzas y reprimido a los tibetanos. Ahora, desde Pekín hasta Lhasa, hay tren. Es el famoso tren más alto del mundo. Acabó de construirse hacia

2007. Es verdad que han construido las vías del tren, pero este tren no es para los tibetanos, este tren es para los chinos que viven en Pekín o en Shanghái y quieran subir al Tíbet. Sin embargo, los chinos no tienen los pulmones de los tibetanos y no pueden llegar de golpe al Tíbet. Este tren, que va muy, muy lento, llega a Lhasa para beneficio de los chinos. Por otro lado, para poder invadir el Tíbet, han hecho muchas carreteras. Han construido muchas carreteras de China al Tíbet, pero no lo han hecho para beneficio de los tibetanos, también lo han hecho para los propios chinos, para poder llevar tanques al Tíbet, para poder llevar camiones militares chinos al Tíbet.

Además, han construido muchos edificios altos en Lhasa para enseñarlos a los turistas y poder decir: «Antes los tibetanos solamente tenían casas muy pobres, y ahora mirad que edificios les hemos construido». Pero si miras dentro de los edificios, allí solamente viven los dirigentes chinos, los militares chinos, los policías chinos. El gobierno chino siempre está mostrando al resto del mundo las carreteras, el tren y los edificios para decir que está ayudando mucho al Tíbet, haciendo mucho para el desarrollo del Tíbet. En Lhasa y en su entorno también han abierto tiendas, bares y restaurantes. Y también prostíbulos y karaokes. Si los tibetanos y los chinos trabajan, por ejemplo, en el mismo restaurante o en la misma carpintería o si trabajan de albañiles en la misma empresa de construcción, los trabajadores tibetanos ganan la mitad de lo que perciben los trabajadores chinos. Hay una gran discriminación. Hay hospitales especiales para los dirigentes chinos, militares, espías, etc. y escuelas especiales para los chinos.

Por lo que se refiere a la lengua de los tibetanos, los chinos no quieren que se enseñe a los jóvenes tibetanos. Quieren que nuestra lengua muera. Esto no se puede aceptar. No está mal que los niños tibetanos aprendan chino. Aprender la lengua china es bueno. Aunque seamos tibetanos, está bien aprender chino. Sin embargo, primero es preciso que los niños aprendan el tibetano, que es la lengua propia de su país. No puede ser que solamente se quiera enseñar chino.

En la India, en nuestros monasterios y escuelas de la India, el Dalai Lama y el Gobierno Tibetano en el Exilio animan a los tibetanos a aprender chino. Siempre repetimos que la culpa de lo que pasa en el Tíbet no es de todos los chinos, es del gobierno chino. No tenemos que sentir rencor ni odio hacia los chinos. Si algún día queremos comunicarnos con un chino, necesitaremos saber su lengua. Y, además, representa conocer una nueva lengua. Hay algunas escuelas de la India y algunos monasterios tibetanos que comienzan a enseñar el chino. Al principio, esto no gustó a muchos jóvenes. No lo querían aceptar tal vez porque hay algunos tibetanos que han nacido y se han educado en medio de chinos, que han sido «comprados» por los chinos y que trabajan para ellos. En Cataluña y en el País Vasco pasó algo parecido durante el franquismo. Sin embargo, la visión del Dalai Lama es muy amplia.

El Gobierno Tibetano en el Exilio no pide la independencia del Tíbet. Hemos hecho varias reuniones internacionales para tratar este tema y el Dalai Lama dijo que la decisión sobre ello tenía que ser el resultado de la opinión de todos. En este sentido, han tenido lugar dos o tres encuentros especiales con la participación de tibetanos de todo el mundo. Fuimos a la India y estuvimos reunidos tres o cuatro días. La pregunta era: «¿Qué queréis: independencia, autodeterminación o autonomía?». Si tuviésemos alguna opción de conseguir la independencia, todo el mundo escogería esta opción, la de la independencia. Sin embargo, China no acepta de ningún modo que seamos independientes. Desde 1959 hasta mediados de 1970 estuvimos pidiendo la independencia y volver al Tíbet. Pero como esta primera opción, la independencia, no es posible a causa de la negativa y de las acciones militares del gobierno de China, hemos buscado una segunda opción.

Los tibetanos nos encontramos, hablamos, discutimos y, finalmente, por consenso de una gran mayoría, votamos una segunda opción: la autonomía. Ganó por mayoría «el camino del medio»: la autonomía, una autonomía no de nombre, sino una autonomía real. A partir de esta opción ganadora, los políticos del Gobierno Tibetano en el Exilio, desde alrededor de 1976, ya no hemos hablado de independencia. Queremos una autonomía real. Por lo tanto, nuestro objetivo es dialogar, hablar con el gobierno chino, intentar que los gobiernos chino y tibetano dialoguen.

El Dalai Lama decía que dialogar sería lo mejor, sería beneficioso tanto para los chinos como para los tibetanos. Se ha intentado, pero el gobierno chino no ha movido nada, no ha movido ni un dedo en esta dirección. Han ido diciéndonos que sí, que de acuerdo, pero no han hecho nada.

Nueve delegaciones del Dalai Lama fueron enviadas a China para dialogar, y cada una de ellas estuvo allí dos o tres días.

La delegación llegaba a Pekín y un día llevaban a sus miembros hasta la Gran Muralla China y otro día a visitar una fábrica de seda y a participar en banquetes. También les preparaban veladas en la ópera china. Pasaban tres días así y, al acabarse los días, les decían que entonces no había tiempo para tratar el tema del Tíbet. Les decían que hablarían de ello la próxima vez. La delegación, sin haber podido hablar de la situación tibetana, volvía a Dharamsala. Esta situación se repitió nueve veces. Nueve veces una delegación enviada por el Dalai Lama fue a Pekín, pero no hubo nada que hacer. A pesar de eso, no hemos querido perder la esperanza. Mantenemos la esperanza. El nuevo primer ministro tibetano sigue intentando dialogar con el gobierno chino, aunque hasta ahora no ha podido hacerlo.

La mayoría de tibetanos queremos la autonomía, el camino del medio, que quiere decir no estar en ningún extremo. No queremos el fanatismo de los chinos ni tampoco el nuestro, que nos llevaría a encerrarnos dentro de la opción de la independencia, totalmente imposible de conseguir con el gobierno chino actual. No queremos ser chinos, pero aceptamos vivir libremente bajo la estructura política del gobierno chino. Esto quiere decir tener en el Tíbet libertad de educación, libertad religiosa, poder hacer prácticas de budismo tibetano, libertad de organización sobre la ecología del Tíbet y poder ejercer el control de los temas interiores tibetanos.

Ahora el gobierno chino está acusando el Dalai Lama. Dicen que es un lobo con piel de cordero, que, cuando consiga la autonomía, querrá la independencia y luchará por ella. Los tibetanos estamos contentos con la decisión de llegar al camino del medio. Sin embargo, es cierto que en el congreso de jóvenes tibetanos exiliados, un pequeño grupo quiere la independencia y no quiere formar parte de China de ninguna forma. No quieren tener pasaporte chino. Hay jóvenes tibetanos, que viven en la India, en el Nepal, en América, en Europa, que piensan que no conseguiremos ni la autonomía y, ya que no conseguiremos la autonomía, vale la pena pensar en grande y trabajar por la independencia.

Estos jóvenes no están en contra del Dalai Lama, pero quieren la total independencia del Tíbet. Quieren seguir al Dalai Lama, pero le piden que, por favor, no diga que tenemos que querer la autonomía. El Dalai Lama les responde que, si la mayoría quiere la independencia, que trabajen para lograrla. Sin embargo, piensa que intentar conseguir la independencia, ante la oposición del gobierno chino, es una pérdida de tiempo. Su Santidad cree que conseguir la autonomía es una emergencia, una urgencia, una total necesidad porque, si pasamos cincuenta años más en la actual situación de dominio chino, será fatal para el Tíbet. Los jóvenes tibetanos no hablarán tibetano y las tradiciones se perderán. Es una emergencia conseguir rápidamente la autonomía para preservar la lengua, la cultura, las tradiciones, la religión. No estamos en contra de nadie. Estas dos opciones, estos dos caminos, no están enfrentados. La mayoría de la gente mayor da soporte a la autonomía y hay jóvenes tibetanos que quieren la independencia. Hay gente mayor que dice: «El Dalai Lama tiene sabiduría. ¿Por qué no lo escuchan más estos jóvenes?».

La principal preocupación de los tibetanos de dentro y de fuera del Tíbet es la destrucción de su medio ambiente. Existe el peligro de que la identidad tibetana desaparezca, y también de que desaparezca la lengua tibetana, pero no es demasiado grande. A causa de todo lo que están haciendo a la madre tierra, el peligro más grande ahora es la destrucción de la ecología del Tíbet, la destrucción del medio ambiente. El gobierno chino lo está destruyendo.

Mucha gente de Cataluña, de España y de Europa no conocen a fondo la cultura, la geografía, la naturaleza y las tradiciones del Tíbet. Cuando hablan del Tíbet, muchas personas dicen: «¡Ah, el Tíbet, ese pequeño país del Himalaya!». No han podido ver el mapa geopolítico del Tíbet. En los mapas oficiales del mundo no sale el Tíbet como país. Vemos la India y China como países grandes y, en letras pequeñas, en una parte de China consta «Tíbet». Sin embargo, el Tíbet, en realidad es un país muy grande. Si divides China en tres partes, tal como sale en los mapas, una parte de las tres la forma el Tíbet. Otra parte la forman Mongolia y otros territorios conquistados por China, y la tercera parte es, propiamente, China. Siempre comento que mucha gente de aquí se piensa que el Tíbet es un país pequeño como Andorra. Pero, para que podamos hacernos una idea real de las dimensiones territoriales del Tíbet, es necesario saber que su extensión es como la suma de los territorios de España, Francia y Alemania, por lo menos.

Antes de la invasión organizada por el gobierno chino, en el Tíbet había mucho respeto por la madre tierra, que era muy virgen. No había ningún coche. No había teléfonos, ni carreteras asfaltadas. No había contaminación. Cuando los chinos llegaron al Tíbet y entraron con tanques y cañones, con camiones de armamento y militares armados, todo eso cambió. Fue una catástrofe. El Everest no está en China, el Everest está en el Tíbet. Una cara da al Nepal y otra cara da al Tíbet. Para subir al Everest es preciso pasar por el Tíbet. Tenemos muchas montañas y los chinos saben que en estas montañas hay muchos minerales. El Tíbet no es pobre. La naturaleza del Tíbet es muy rica. Tiene las montañas más altas del mundo y hay una gran riqueza en hierro, en bronce, en cobre, en oro y en uranio.

Los tibetanos sabemos esto desde hace siglos. Aunque no hayamos explotado estas riquezas, sabemos que existen. Sabemos que aquella montaña concreta contiene hierro, que aquella otra contiene oro o que aquella otra contiene cobre, per en lugar de explotar las montañas, queremos respetar la madre tierra. No la queremos explotar. Los chinos, sin embargo, al saber que estas montañas contienen tanta riqueza, las están explotando. Explotan las montañas para extraer estos minerales y extraen uranio. El uranio sirve para hacer bombas nucleares que pueden destruir el mundo. Esto nos preocupa mucho. Si la obtención de uranio fuese para mejorar el mundo, para llevar más paz y felicidad al mundo, estaría bien. Lo respetaríamos y daríamos soporte a estas extracciones de mineral porque sería bueno para todos los seres. Pero sabemos que el uranio es para hacer bombas de destrucción masiva y hemos dicho: «Basta», por favor. Hemos pedido que no haya más explotación de minas de uranio, pero aún siguen explotando y explotando estas minas y no tienen ninguna intención de parar.

Los chinos también están contaminando los ríos. Los ríos más importantes de esta parte del mundo nacen en el Tíbet: el Ganges de la India, el Brahmaputra de Birmania y el Río Amarillo de China nacen en el Tíbet. Todos estos ríos se están contaminando. Esto es muy preocupante. Los ríos dan vida, dan agua a millones y millones de personas.

Por otra parte, en el Tíbet tenemos montañas y montañas y hay muchos bosques. Los bosques son importantes, pero los chinos están talando árboles sin parar. Cada mes talan miles de árboles. Hay reportajes que lo demuestran. La madera de estos árboles se envía a China a través de los ríos. También la transportan mediante camiones que van hacia China. Dicen que talan árboles para que los tibetanos tengan madera, pero esto no es cierto. Nos destruyen los bosques y toda la madera la llevan a China. Hay protestas a nivel internacional y hay científicos alertando de la gravedad que comporta el cambio climático, la contaminación de los ríos y de la madre tierra en general, la explotación de las minas en las montañas, la tala de árboles en los bosques, etc. El Tíbet vendría a ser el tercer pulmón del mundo. No podemos reparar lo que el gobierno chino ha hecho explotando las montañas, pero tenemos que pedir que no lo siga haciendo. Sin embargo, no hace caso de nuestra petición.

En el Tíbet los chinos son mayoría y tienen armas. Los tibetanos en el Tíbet somos minoría y no tenemos armas. No podemos hacer gran cosa para imponernos. Aunque los chinos en el Tíbet ya sean ocho millones y los tibetanos seamos menos, con armas tendríamos alguna posibilidad. De todas formas, no queremos armas, y por lo tanto la situación es muy difícil para nosotros.

Mientras el Dalai Lama viva, no utilizaremos armas. Él no quiere la violencia. Desde el Tíbet algunos jóvenes envían mensajes al Dalai Lama: «Por favor, Dalai Lama, ¿nos permites usar armas para luchar contra los chinos? Si no hay ninguna matanza, el mundo no hablará del Tíbet. Si hay tibetanos que maten a población china, entonces generaremos una noticia. Se sabrá en todo el mundo que tibetanos han matado a chinos, y podremos explicar los problemas del pueblo tibetano. Si hay paz aparente, nadie hablará del Tíbet». Pero el Dalai Lama les contesta que él no puede dar soporte de ninguna manera a esta idea. Les dice que matar a chinos no es ninguna solución, los chinos son muchos millones. Su consejo es seguir la actitud de Mahatma Gandhi, seguir la no violencia. Aconseja actuar sin violencia, con nuestra verdad y con la fuerza de la paciencia. Pide que, mientras él esté vivo, no se utilice la violencia. Dice que, cuando esté muerto, no les podrá decir nada más. En estos jóvenes tibetanos se nota que la paciencia también tiene sus límites.

Hasta ahora ciento cincuenta y dos jóvenes tibetanos se han autoinmolado. No han matado a chinos, ni a un solo chino, pero han decidido morir ellos mismos por su nación, por su pueblo, por sus derechos. Entre estas ciento cincuenta y dos personas había monjes, monjas, madres que han dejado a sus hijos… No han querido hacer daño a ningún chino, pero han decidido ofrecer su vida por la libertad del pueblo tibetano.

Esta actuación no es positiva. Esta decisión implica sufrimiento, pero no es un sufrimiento egoísta. Estas personas ofrecen su vida para conseguir los derechos humanos y la libertad para su pueblo. En Occidente, los suicidios son determinados por el ego personal, por problemas individuales. En cambio, en Oriente nadie se ha inmolado por no tener trabajo, por estar en el paro o por otros problemas personales. La acción de autoinmolarse, de morir quemándose no es un buen karma, pero la motivación es lo que más cuenta. En este caso, se trata del olvido de uno mismo y de valorar más la vida de los otros. Es sacrificarse para que los demás puedan vivir en libertad.

El Dalai Lama y el Gobierno Tibetano piden y ruegan que no hayan más muertos, que no hayan más autoinmolaciones. Les rogamos que quieran vivir, les decimos que tienen que vivir y que tienen que trabajar de forma constructiva. Personalmente, en diversas ocasiones y en entrevistas que me han hecho en la radio tibetana, les he dicho: «Por favor, hermanos tibetanos, no queráis morir, no os queráis autoinmolar. Quienes lo hayan hecho, ya está hecho y no pueden volver, pero ahora, si alguien tiene este plan, que lo deje ir. Por favor, no os autoinmoléis, no os queméis. Tenéis que vivir. Los jóvenes tienen que vivir. Es necesario que os eduquéis bien y después, constructivamente, podremos hacer mucho bien para nuestro país». Esto lo he dicho muchas veces.

Hay pocos políticos que se interesen por nuestro país y que den soporte al Tíbet. Sin embargo, los pocos políticos que quieran darle soporte, los simpatizantes y amigos del Tíbet que quieran conocer la realidad de nuestro país, tienen un lugar: Dharamsala, en la India. Desde Dharamsala, poco a poco, podemos explicar al mundo todos nuestros problemas. Allí se pueden entrevistar con los políticos tibetanos, con los ministros, parlamentarios, etc. E incluso pedir una audiencia con el Dalai Lama. Todo esto es posible. En Dharamsala les podrán informar. Además, podrán experimentar que en el Tíbet no solamente hay problemas. En el Tíbet tenemos muchas cosas buenas. Tenemos una cultura y una filosofía muy humanistas que sirven para todos, para los ateos, para los comunistas, para los más jóvenes y para las personas mayores que están a punto de morir. Nuestra filosofía da fortaleza interior. No creemos de ninguna manera que seamos los mejores y los únicos. Y de ninguna forma pensamos que quien no dé soporte al Tíbet es gente malvada o sin bondad. Esto no lo pensamos nunca ni lo decimos nunca. Cada persona tiene sus razones y su tiempo. Agradecemos de verdad cualquier gesto de cualquier persona.

En el caso concreto del Dalai Lama, nos encontramos con que el gobierno chino está esperando que el Dalai Lama se muera pronto. El Dalai Lama ya tiene ochenta y tres años y el gobierno chino espera que no tarde en morir. Sus miembros piensan que, cuando el Dalai Lama se muera, el Tíbet dejará de recibir apoyo internacional y que, entonces, China podrá hacer lo que quiera en el Tíbet. Sin embargo, aunque el Dalai Lama se muera, el Tíbet seguirá existiendo. En este sentido, el gobierno chino quiere controlar la reencarnación del Dalai Lama. Se están preparando para esto. Hace poco que el gobierno chino le dijo al Dalai Lama: «A usted le quedan pocos años. Cuando muera, nosotros nos preocuparemos de buscar su reencarnación. Por lo tanto, no os preocupéis por este tema». Su Santidad les ha respondido que no se preocupen de su vida. Por ahora, las predicciones dicen que el Dalai Lama vivirá ciento trece años, y el Dalai Lama en varias ocasiones ha dicho que vivirá más de cien años. De todas formas, esto también dependerá de diversos factores relacionados con el karma de los tibetanos. Él mismo también ha dicho que, si el mundo ya no lo necesitase, por qué tendría que vivir más. Su Santidad viaja mucho, con su fuerza espiritual es muy activo, es muy joven de espíritu. Él aún quisiera hacer mucho más de lo que hace. El Dalai Lama sabe cuándo se morirá y cómo se morirá. Y también sabe cómo y dónde nacerá. Dijo al gobierno chino que su muerte y reencarnación no es cosa suya. Ellos son ateos, no creen en las reencarnaciones, ni en Dios, ni en Buda, ni en Alá.

Tenga larga vida Su Santidad el Dalai Lama, para beneficio de todos los seres y para la promoción de la Paz mundial.